山丹美食

SHANDANMEISHI

山丹民俗文化丛书

周多星　主编　　杨桂平　著

敦煌文艺出版社

图书在版编目（CIP）数据

山丹美食 / 周多星 主编. -- 兰州 ：敦煌文艺出版社，2013. 11（2024.1重印）
（山丹民俗文化丛书）
ISBN 978-7-5468-0602-0

Ⅰ. ①山… Ⅱ. ①周… Ⅲ. ①饮食-文化-山丹县 Ⅳ. ① TS971

中国版本图书馆CIP数据核字(2013)第259513号

山丹美食
周多星　　主编

责任编辑：张　桐
装帧设计：蔡志文

敦煌文艺出版社出版、发行
本社地址：(730030)兰州市读者大道 568 号
本社邮箱：dunhuangwenyi1958@126.com
0931-2131552(编辑部)　0931-2131387（发行部）

三河市嵩川印刷有限公司印刷
开本 787 毫米 × 1092 毫米　1/32　印张 5.125　　字数 170 千
2013 年 12 月第 1 版　2024 年 1 月第 2 次印刷

ISBN 978-7-5468-0602-0
定价：38.00元

山丹民俗文化系列丛书编委会

总策划 赵学忠 刘晓云

编　委 李仲文 马德胜 李仲杰 陆思东 李娟莹 何　莉 周得玮 梁福民 张多仁 周多星 高希鉴 郭　勇 段猷远 赵谦玺 张　乐 吴多彬

主　编 周多星

副主编 段猷远

编　辑 杨桂平 陈学斌 唐　华 张兴荣

摄　影 赵谦玺 杨桂平

绘　画 陈学斌

作　者 杨桂平

《山丹民俗文化丛书》总序

\>>>>>>>

华夏大地，沧海桑田，沉积于社会底层的民俗文化，保留着许多中华民族的文化精粹。“十里不同风，百里不同俗。”祖国各地独特的民风民俗，绚丽多姿，异彩纷呈，令人为之迷醉。地处河西走廊的山丹，民俗文化源远流长、韵味独特。

山丹自古就是一个是农耕民族、游牧民族、商贸民族合作交融演化的过渡地带，是东西方各民族往来丝绸之路的要塞，具有丰富多彩、灿烂辉煌的民族文化，更是形成了蔚为大观、独具特色的地方文化，这都是历史留给我们极为宝贵的精神文化财富，值得我们进行深入研究和大力弘扬。

汉代张骞通西域以来，河西走廊成为我国联系西域和欧亚非的重要通道，在古代很长一个时期承担着华夏文明与域外文明交汇融合的历史使命，隋唐时期，武威、张掖、敦煌是经济文化高度繁荣的国际性城市，河西地区成为世界古代四大文明和三大宗教交汇融合之地。山丹地处河西走廊中部，有“走廊蜂腰，甘凉咽喉”之称。独特的地理位置造就了山丹特有的地域文化，它传承着悠久的历史文明，人文荟萃，拥有独特的人文气质，蕴含浓厚的文化底蕴。几千年的史前文明四坝滩文化遗址证明，早在新时器时代，就有先民在这片土地上繁衍生息。在历史的长河中，在几千年的岁月里，山丹人民辛勤劳作，历尽沧桑。他们相互融合，彼此交流，在战争与和平、在先进与落后的交错中推动着历史前进的脚步，共同创造了烁古震今的文明。

古老的弱水河，孕育了山丹古老的文明，“大禹导弱水至合黎”，现山丹祁家店还立有“禹导弱水碑”，见证山丹古老的历史文明。隋大业五年，隋炀帝置“观风行殿”，登临焉支山，举办了历史上最早的世博会，山丹应是世博会的发源地，据此称山丹为世博圣地。唐玄宗天宝十三年，封焉支山神为宁济公，河西节度使哥舒翰建宁济公祠于焉支山上，焉支山美誉天下。汉武帝雄才大略，建制牧马苑——世界第一大马场，汗血宝马圆了英雄梦。山丹有誉为“露天长城博物馆”的汉明长城，雄关玉塞，独一无二。国际友人路易·艾黎，创建培黎职教，兴办工合事业，将毕生心血及收藏文物捐赠山丹人民。还有誉为天下第一佛的国内最大室内泥胎贴金坐佛，优美的太平秧歌舞、“胡腾舞”跳出了塞乡风韵，“山丹民歌”清新刚健不失媚婉，散发着粗犷的西部气息，是山丹非物质文化遗产中的奇葩。“山丹四珍”弥足珍贵，山丹的“炒拨拉”、“羊肉垫卷子”等美味小吃闻名遐迩。

走进山丹，便会深深地感受到：这里的民俗淳，人情美；这里的人热情好客，慷慨好施，好像走进一个温馨的天地。有蕴含中古音甜美而生动的地方语言，有多姿多彩的戏曲艺术，有妙趣横生的俗语故事，有诙谐幽默的民间熟语等等，文化内涵十分丰富。悠久的历史，古老的文化，美丽的山丹。在这片土地上繁衍生息的人民，勤劳智慧，亲邻睦友，无声铸就了山丹人淳厚的道德传统，正直的精神气质和坚韧的生命意志。源远流长的、独具山丹地域风格的山丹民俗文化，原汁原味展现了山丹人民的喜怒哀乐、价值取向和当时的生存状况，反映出山丹人民质朴的生存智慧，独特的人文气质。作为古丝绸之路上一颗耀眼的明珠，山丹人民创造的历史辉煌与灿烂民俗交相辉映，相得益彰，几千年来共同滋养着山丹的文化之根，民众之魂。

检拾山丹民俗文化，有其潜在的文化优势，但也有受忽视而失落的隐忧。因此，山丹县专门成立一个地方文化创作研究室，拟先从一个新的层面追寻、挖掘、整理和研究这些行将消逝或散落在民间各地的文化遗产，然后有计划、有组织地编辑出版一套比较全面的多视角的《山丹民俗文化》丛书。可以说，这套丛书的出版是一项比较系统的巨大的文化工程。山丹县地方文化系列丛书共五卷。包括《山丹民俗》、《山丹美食》、《山丹名胜》、《山丹故事新编》、《山丹民歌》等，这套丛书立意新颖、图文并茂，运用独特的视角、简约的文笔，对山丹深厚的文化底蕴、独特的文化内涵、丰富的古迹遗存、淳厚的民俗风情，以及山丹的历代沿革、文化遗产、民间艺术、传统美食、名优特产、古景新姿、故事传说等等如数家珍，娓娓道来。也反映了山丹多民族和谐共处，多元素的经济文化相互交流融合过程中形成的独具地域特色的人文环境和丰富多彩的民俗文化。更展现了山丹物华天宝、地灵人杰。这一系列丛书，让家乡人读着亲切而自豪，外地客人读后必能较全面、系统、真实、客观地了解山丹的风土人情，地域风貌和悠久的历史。

《山丹民俗文化》丛书，顾名思义，“俗”字当头，就是以通俗的语言、人民所喜闻乐见的俗事进行撰写。虽然不是“阳春白雪”，不能进入高雅的艺术殿堂，但是，“下里巴人”的草屋，俗中之俗，其中也有真、善、美。寓于其中的褒、贬、善、恶，甚至比其他艺术门类都更加泾渭分明。民俗文化,既是历史的,又是现代的;既是民族的,又是世界的,是人类文化宝库中不可或缺的重要组成部分。水有源,木有本,文化也有根;只有源远才能流长,本固才能枝荣,根深才能叶茂。民俗文化之根,是较之其他文化扎在土壤中最深的根。我们应该倍加爱惜,加以保护。

愿有志于乡土文化的爱好者,多培一抔土,以报答根之情意。是所望焉,谨序。

中共山丹县委书记

山丹县人民政府县长

二〇一三年十月

目录

CONTENTS

厨师在做罐罐席

山丹罐罐席

\>>>>>>

罐罐席，是山丹人对老席的叫法。山丹罐罐席借鉴了三秦大地的传统名宴“十全”宴席的做法，相比之下山丹罐罐席更加呈现出一种粗狂大气风格，少了点温婉。显著特征是以烹饪猪、牛、羊、鸡肉为主，菜品形式以传统见长，菜肴淳朴、口味浓郁、厚重，咸甜酸辣俱有。

在山丹七八十年代罐罐席是盛宴。只有在重要的大事上才会做。如生诞寿辰、婚丧嫁娶、孩子满月等。那时的山丹，不像现在有这么多酒店饭馆，平民百姓又大多都比较清贫，遇到红白喜事都是在家里、村里支起大棚来招待亲朋好友。罐罐席也因着家境的富裕和清贫分为几种，档次最高的叫鸡肘席（也叫海参席或十二楼全席），仅次于的称为十全席，最低层次是五碗一盘。

在自家屋里做席待客的方式，在山丹县的农村如今仍然存在，不过如今的农村已演变成了流动厨师上门服务，方便多了。十全席也已过了风光时节，渐渐消失了，偶尔会有老年人说起。

当时做罐罐席山湾名厨刘玉选人人皆知，后来传给了陈户乡寺沟村大厨刘学孟 ，他是刘玉选的大弟子。陈户村的周多全是刘玉选的弟子，算是第三代传人了。周多全说他已十多年不做罐罐席了，原因很多，与改革开放后其他菜系的逐渐进入有很大关系，如今可以说已经被代替了。如果不传承下来很可惜的，说起这些周多全很落寞。

知情的老人们说起老山丹的罐罐席，是意犹未尽。罐罐席的“十全席”在当时就是一种既隆重又实惠的菜肴，不仅吃席有规矩，上菜也有讲究。肉主要有猪肉，也有牛羊肉和鸡肉，但都很稀罕。现在席上都是整块整块的肉，可人们吃着不香，看着生厌。那时候一桌席仅用三斤左右的肉，碗中的肉是切块的，不大不小，用来提味，一人只吃一块，没有多余。席做好了，上菜也是有讲究的，先上水菜(凉菜，有自家发的豆芽，还有自产的胡萝卜、韭菜等，荤菜有肝、肺等)，要上水菜碟八个，上水菜的菜碟要一平一立，平是盘，立指的是碗，四个荤菜，四个素菜。水菜上后要开始上炒菜，这个炒菜最有意思，叫纱帽翅儿，中间一大盘菜(平)，两边上各上一碗(立)菜，共上三次，像是纱帽翅抖三抖，很形象。最后上的大菜就是十大碗，有红烧肉、有鸡肉，有丸子炖肉、粉条炖肉、腐竹炖肉，豆腐炖肉，萝卜炖肉、土豆炖排骨、糯米碗、八宝汤，在上菜中间依次要上油饼、花卷、包子、馓子、糖花子、干果等等。十全席上完十大碗后，最后必须上胡辣汤一盆。十二楼全席和鸡肘席大致相同，要上全鸡和全肘。五碗一盘席，水菜(凉菜)和十全席的水菜一样，其他就简单多了。这些讲究延伸到吃席时也有严格的规矩，一席八人，一房间一般设三至四席。座次依长幼尊卑和辈分大小而定。首席的上席在房正中与门相对的位置，二、三席分别在首席左右两厢的地方，与上席两相遥对。上席位必须坐的是德高望重者，吃菜有讲究，喝酒有规矩，俨然有序。

大碗装肉，大碗盛酒，这是山丹人的传统。大碗里青稞烤出的粮食酒幽幽地散发着醉人的酒香，在桌子上席放了，满满一碗。每次上来一道菜每人依次喝一口酒，先从上席位开始喝起，大家依次端碗反时针轮流转，喝完一圈酒，碗重回上席席首位置之时，上席位辈分最高或者最为德高望重者就会举起筷子指向桌子中央的菜说道："请，大家请。"于是，全桌的筷子才七前八后伸过去，分解着同一个猎物，但绝没有抢夺和选择的迹象，挑到哪个就是哪个。那时吃席，人们都正襟危坐，很少说话，看长者动一下筷子，晚辈依次才能动筷子。

农村人家，朴实厚道。家里平时来了客人，也总会尽心尽力热情招待。更何况是办宴席这么大的场面，主人便会使出倾家荡产的决心，千方百计喂上个大肥猪，把席办得体体面面。只要大家说声席面好，主人就会高兴很久。人们形容宴席上厚墩墩的肉膘肥得像楼板，把筷子都压得打闪闪，这绝不是贬意，是称赞主人的大方和能干。这些肉不管怎样的肥厚，一旦加了洋芋、胡萝卜、白萝卜、大白菜等菜蔬，慢火蒸，微火炖，溜溜熟，做出的大碗菜就像苏东坡烹制的肘子一样肥而不腻。

"罐罐席"宴席中，尤其是那肘子肉最具特色，在蒸笼里蒸得又火巴又软，香气缭绕，芳香扑鼻，看上去就像一个圆圆的蒙古包一般。技艺高超、别出心裁的厨师还会在"蒙古包"底下藏上一层软软的豆腐，顶上浇上料酒，撒上几粒葱花，端上桌吃起来热气腾腾，芳香糯软，还有淡淡的酒香，沁人心脾，味道鲜美，余味无穷。

在那物质匮乏的岁月里，吃肉是一种奢侈的享受。不管那肉怎样叫人馋涎欲滴，坐席的人总是忘不了出门时家人那句话："莫忘了包点肉回来哟。"于是大家就都忍嘴了，用手绢包一点肉回去。主人家也会给有老人的人家送去盛放着一块肉的大碗，碗底的菜是俱多的。

包回的肉和其他饭食混在一起蒸一下，锅盖一揭，饭是油渍渍的了，满屋是香喷喷的。包回的肉也就一、两片，不够全家吃。如果几代同堂，孩子的父母就会说："小孩子以后吃的机会多，给爷爷奶奶吃。"孩子就规规矩矩不吃，老年人则说："我几十岁了，没吃过？给我孙子孙女吃，吃了长快点！"父母就会埋怨他们的父母："小孩子今后要吃多少，你们不要宠着他们。"最终，老人还是把肉夹到孙子孙女的碗里。包肉的岁月，缺的是物资，不缺的是尊老之风，舐犊之情，上帝也会被感动得掉眼泪。

山丹"罐罐席"的菜谱，应该也是根据年代的不同而发生着变化。但万变不离其宗，烹饪技法基本是煮、炸、炖、蒸，有严格的程序和工序。其技艺主要在选料、刀功、火候的掌握以及配料的选择上下功夫。譬如肘子肉，上笼屉蒸，就得两三个小时以上。由此

罐罐席十大碗

罐罐席水菜

制作的菜肴制作精良、选材考究、经济实惠、肥而不腻、老幼皆宜，且色、香、味、型俱佳兼顾着北方菜系特点，荤素菜搭配营养丰富、吃法讲究。

如果根据当代人的口味调节一下，罐罐席其实是很有营养的绿色宴席，周多全很认真地说。其实现在的好多美食都是从“罐罐席”沿袭而来的，我们的羊肉炖萝卜、牛肉丸子、肘子豆腐、白斩鸡、八宝饭、糖醋里脊、拔丝洋芋等等，美味无穷。

历史上，我县三类地区均有风格不同的传统“罐罐席”制作工艺。九十年代之后，随着全国各大菜系尤其是川菜在山丹的兴盛和交融，传统的“罐罐席”渐渐湮没于浩如烟海的诸种菜系之中。更主要的是，随着现代瘦身饮食观念的盛行，越来越多的人不再垂涎于多肉的“罐罐席”了。

如今的人吃席，坐席者是十人，桌还是家家凑齐的，父老乡亲共聚一桌，谈笑风生，喜气洋洋。开席再已不是十大碗了，而是十几大碗了，除了传统的大碗装肉，大碗喝酒外，其余都是盘子盛整鸡、整鸭、清蒸红鳟鱼、清炖羊肉、红烧牛排、海参鱿鱼汤等等，偌大的一张桌也显得小了，就向空中发展，碗上重碗，碟上重碟，像金字塔一样。没人送包肉回家，也没有了清规戒律，没有了德高望重的长者发话夹菜了。酒也恣意地喝。山丹的酒文化很丰富，“穗子拳”有发扬光大的趋势。但年轻的80后、90后，对酒的渴望没有了上辈人的热情。席间大家无拘无束，想吃便吃，想喝便喝，更具亲和力了。散席了却没有一个人包肉回家了，因为家里不缺这些了。但却是看着有点浪费了。

山丹传统餐饮文化缺乏传承与提高，尽管近年来山丹餐饮业蓬勃发展，但多为“拿来主义”主导潮流。而在陈户村的周多全这里十大碗文化却得到很好地传承，甚至成为他从事餐饮业的一个重要品牌，会做罐罐席，说明了他是一个精于手艺的厨师。但后来因外来菜系的侵入，又因罐罐席制作工艺的繁复和耗时，现代人追求快节奏，慢慢地它已淡出了历史的舞台，周多全说，它已十多年没有再做罐罐席了。但说起昔日的兴盛，他仍是话语不断。

想想山丹罐罐席会被后代人慢慢遗忘，我们请周多全再做一次罐罐席，呈现当时的盛况已不可能，只能是回味那时的心情了，也许只能找回一些零星的记忆。我们费了好久才找到合适的器具，形似瓦罐的陶瓷砂锅，希望现出一点古朴的味道，当今精美的餐具不能怀旧。我们最终从白银平川的陶瓷市场找到了略微相似的陶罐和粗瓷碗，算是一点安慰。

没想到还有一件事情被我们遗忘，是那个土头土脑蹲在那里的“猪槽 ”炉子。一块块土块也是稀罕物，从泥土变成土块的模样，只是几天的事情，需要阳光和水。我们用了陈旧的土块，它在主人的墙角已待了若干年，今天有了用武之地，它也没有表现出欣喜的样子，还是闷声不响。

泥炉子却有许多讲究。首先要有仪式，需要大红被面、大枣、

罐罐席猪槽炉子

糖果，还有红包。这也是够隆重的，主人的心情略见一斑。听说使用过的“猪槽”炉子，喜事用的可以留下来，等待更多的喜事来临；丧事用过的要赶快拆了才吉利，这也是老百姓最朴素的想法，可以理解。

接下来就需要去采购食材了，这也是一个颇为复杂的事情，需要耐心，周多全开了一张食材单子，是做一桌“十全席”的材料，标准按照平常人家而定。它们有“肉类、菜类、还有调味料”，真丰富，看着这些菜都是绿色食品：羊肉2斤（排骨）、牛肉4斤、猪肉4斤 、鸡肉4斤、鸡蛋8个、面筋2斤 、豆腐2斤 、芹菜1斤、白菜1斤、菠菜1斤 、白萝卜2斤　胡萝卜2斤、土豆5斤、粉条子1斤、粉丝1斤、腐竹1斤 、绿辣子2斤、黄蓟2斤 。

调料：花椒、大香、胡椒、乌龟皮、五味子、姜皮子各2两，荜拨2斤 、香果1两、清油4斤、朝天椒半斤、白糖2斤、粉面子1斤、 葱2斤、蒜1斤、香菜1两、块盐2斤、醋2斤、 酱油1斤。

主食:花花子、包包子、油饼子各8个。

酒 :每上一道菜各敬一杯酒。

这是一桌灌灌席所用的食材,看似简单,但要被做成一桌美味,还需要技艺和时间。摄像跟拍了全过程,看起来有点复杂,可你吃起来的时候,不得不感叹它的美味,肉、菜刚炖到火候,不油腻,入口清香留齿,可回味。想想在长达2000多年的饮食历史、习俗发展过程中,山丹能遗留下具有自己鲜明的地域特色,又融合了其他民族和地域的菜肴风味,历经各代不断完善,最终留下了供我们代代享用的美味佳肴,我们应倍加珍惜才好。

做面卷

羊肉垫卷子

>>>>>>>>

到山丹来的客人，没吃山丹的垫卷子，尤其是我们的羊肉垫卷子，等于没到我们山丹来。

垫卷子有羊羔肉垫卷子和鸡肉垫卷子。羊肉垫卷子是地地道道的山丹名菜肴，而且发源地就在祁连山下、焉支山旁的那片一望无际的大草原。

秋天来了，油菜花金黄一片，草原上牛羊成群。牧羊人这时候是不舍得宰杀羊羔的，冬季是繁殖的好季节，那时产羔接二连三，但为了平衡草原资源，不得不在冬季宰杀羊羔，有了大量的肉，牧民们就用炖煮的方法发明了羊肉垫卷子，而且日后竟成为地方名吃。现在酒店追求经济利益，就有人饲养羊羔供应酒店，所以远方的客人不管啥时候来，都能品尝我们久负盛名的羊羔肉垫卷子。

这道脍炙人口的名菜，制作起来一点也不复杂。将羊羔肉剁成碎块，用清油爆炒，辅以葱段、蒜片、干椒，佐以姜粉、花椒粉、盐等调味品，加水焖至八成熟。将和好的面擀成薄饼抹上清油，撒上葱花香菜，卷成筒形，切成寸段，放在肉上。焖炖到面熟肉烂，即可上桌。羊羔肉垫卷子，以面香、肉嫩、味美、营养丰富而著称。炒菜的油用马场的菜籽油，面要上好的精制面粉，羊肉与精面，刚柔并济，有羊肉之鲜美，更有河西优质面粉的地道嚼头，相得益彰，正是红花还得绿叶衬，才子要与佳人配，是绝妙组合。与手抓羊肉不同之处，它既有手抓羊肉的豪放，又能河西面食的精美表现得淋漓尽致。游牧民族的生活方式与农耕文明的交融体现在一道民间美食之中，也算是一叶知秋吧。

我们制作垫卷子的方法已记载在县志里。在山丹，家家都会做垫卷子，既是家常的菜肴，也是待客的名菜，应该说要申请专利的。

垫卷子算得上河西乃至甘肃的名吃。我倒有一个想法，怎么想法把我们的羊肉或鸡肉垫卷子像北京烤鸭一样包装出来，销往五湖四海，让谁都能品尝到这个佳肴，岂不美哉！

我们的垫卷子，到一定时候说不定要创外汇收入的，那我们也会富甲一方，扬眉吐气，说，瞧这就是我们山丹的垫卷子。

面卷子

炒拨拉

>>>>>>>>

旅行在外，我总是喜欢到一个地方的小吃街去,那里有浓浓的生活味道,会让在外的旅人找到家的归属感,暖暖的,喝粥也罢,吃菜也罢,心里是安静的，闲适的，旅途的疲惫会烟飞云散,心情明媚得不得了,当下就喜欢上那个地方了。

遇到热心人，我也总是殷殷地给人家介绍我的家乡,絮叨家乡的美味小吃。说得最多的就是炒拨拉。

县志里有记载:“炒拨拉因动作得名,支以铸铁鏊子,将切好的羊肝、肺、肚、肠、心等佐以调料葱花、蒜苗下锅,以柴火或煤炭为燃料,用猛火爆炒,待熟即食。炒拨拉冬季进食最佳,麻辣适度,肥而不腻,烟熏火燎,边炒边吃,美味可口，热热乎乎。”

短短几行字，生动形象，似乎还能闻到香喷喷的味道。

我们有一条南北贯通的街道，它的一边全是买炒拨拉的摊点，另一边供来来往往的游人行走。炒拨拉的那一边，不管冬夏春秋，都排成一条长龙，青烟袅袅，火塘红红火火。有足够的热情让你留步品尝。

但我觉得炒拨拉只有在我们这个小城吃，才更有滋有味。它是最符合我们的地域特色小吃了。你瞧，翠白的葱段，嫩绿的蒜苗，火红的辣椒，清清爽爽，一清二白，你顿时有了口腹之欲，烟熏火燎，热热乎乎的，感观上也很满足了。

这个坐落在古丝绸之路上，位于河西走廊中部的小城，民风淳朴，蕴含古老而独特的民族风情，自然风光旖旎引人，你不得不留下来与它话话家常，尝尝美味小吃。

特色小吃——炒拨拉

不要说美丽辽阔的大草原，青翠秀丽的焉支山。仅炒拨拉的热情洋溢就够你流连忘返。你得坐下来慢慢接受它的热情，用你的心去感受它火热的挽留。

真的，最好是冬天。头一天落雪了，厚厚的一层，远远就闻到炒拨拉的香，你走在街面上咯吱响，仿佛已沉醉在香气中，脚步不由得加快，袅袅的轻烟就飘在眼前了。烟从那铸铁的鏊子下面升腾起来，带着扑鼻的清香，才刚刚晌午的光景，有人却比你早来了，围在红红的炉膛周围，吃得热火朝天，满面红光。他们比主人还热心地招呼你坐下来。

主人麻利地翻动手中的炒铲，刺啦声在油烟中此起彼伏，香气已伴着葱香散发出来，钻进你的鼻子，你吸吸冬日里发红的鼻子，喉结蠕动，口水快要流出来了，还嚷嚷着多放辣椒。为了吃得更加爽口，你还加了孜然粉在里面，那个味道更是独特，麻中带甜，带着一丝丝凉意，但在冬天的阳光雪地里你却倍感温暖。

当然，在夏日里品尝也独有风味，炒拨拉外加一罐扎啤，是最美味的宵夜了。夏季的炎热已随着夕阳淡了下去，街市却还华灯耀眼，你信步走在已不是很热闹的街上，不妨就在街道的一角，碰到一个热情的摊主，他大着嗓门招呼你坐下，摇动快要熄灭的火炉，轻烟缭绕，火膛呼呼地红起来，你不由得坐下，在盛夏的午夜大快朵颐，吃得大汗淋漓。随后带着满身的香气进入梦乡。

你来到这个小城，我给你讲它的故事，也一定请你品尝香香的炒拨拉。你肯定愿意来这个西部小城！并且想认识那个叫“香香”的姑娘，也愿意尝尝“香香”的炒拨拉，我期待你的来临。

拉条子

拉条子

\>>>>>>>

洁白绵长的拉条子在家乡是喜庆的饭，有喜事和款待客人时，一定要做饧面拉条子的。

做拉条子，一定要会饧面。要想把饧好的面拉得又细又长，必定要会和饧面。和面用凉水，面、水和盐的比例要合适才好，这需要一次次的失败才能获取经验，真不好说。曾经闹过笑话把婆婆和好的灰碱凉面当做饧面下了锅，结果可想而知，后来立志要学会做饧面，一次次难以上得台面的试验换来现在不错的效果，做的饧面最起码儿子和老公爱吃，总算有了一点成就感，在婆婆面前也还能拿得出手了。可是，有时在客人面前还是做不到镇定自若，要么盐大面硬，拉条子就做成了揪片子，要么盐少面软，拉条子就成了撕鱼子。只能在言语上百般掩盖，自我解嘲。山丹的女人不会做饧面的女人没有,但做得极好的是少数,像我是排不在里面的,充数而已。

面和好了,还要一次次揉面,那个揉急不得慢不得,需要慢火的功夫。揉好了,揉出了劲道,拉条子下起来才得心应手,拉的面银丝一般,下锅里,上下沸腾如蛟龙一般。卧在碗里,粗细一样,有好菜相伴,辣子醋拌饭,不由你没有食欲。

有的人只擅长饧面,不擅长炒菜,在大餐馆有专门做饧面的面师傅,那也得有一定的功夫才能应付那些大场面,应该说做面女人行当,但顶级的面师傅却是男人,男人气力大,和面揉面到位,饧面筋道均匀适中,人多人少都能应付。

现在农家院里的面师傅却大多是女人,手艺平常,稍有余,应付七八个客人,但面吃起来又有家常的味道,菜也是家常菜,吃起来随意温馨,不拘束,也吃得酣畅,人都喜欢,农家院是愈来愈热闹,但还是少了些清静,也有人就不喜欢了。不过,来的来往得往,也算完美。

家乡腊月二十三小年那天要吃带汤捋面,那个面也是早早饧好的面,汤是臊子汤,做汤的料多种多样,做好的汤里有红辣椒、绿青菜、白豆腐、还要有胡椒面、姜粉、花椒面,加提味的鲜精,一锅汤热热闹闹的。面要捋得宽而薄,加汤盛好,先要供神的,一碗热气腾腾的面,再点三柱袅袅升腾的香,全家围桌而食,就是一个热热闹闹的小年了。

不管是过年过日子,山丹人少不了饧面拉条子,天天吃饧面拉条子,就有了过日子的感觉。年复一年的,拉条子是吃不腻的。

小米稠饭

稠 饭

\>>>>>>>

俗语说:“稠饭好吃锅难洗”。其实吃稠饭得有一定的耐心才能吃,因做起来很麻烦,吃起来滋味就多样了。首先要会做,小米稠饭、糁子稠饭、洋芋稠饭团等等,一样一个做法。

我小时候吃母亲做的洋芋稠饭多,拌着醋辣子,菜是野菜,地里挖来的苣苣菜、河两岸的黄花菜。炝菜没油,只滴几滴,大多是只放盐和自家麸皮酿的醋,但想起来还是好吃。冬天吃稠饭家家都是就着腌制的菜。但啥时都不会少了醋辣子。

记忆里,母亲腌制的冬菜大都是为了吃稠饭而准备的。冬天母亲腌制大白菜,晾晒辣萝卜干,都是大工程。院里放着洗干净腌菜的大缸,切菜的大案板,成堆的白菜萝卜,土灶烧火的风匣不停地拉动，啪嗒啪嗒的声音是我的催眠曲。母亲腌菜大多是我不上学的那天，我要替母亲拉烧火的风匣，不能和同伴去田地草滩上玩，也没时间看我喜欢的书，所以对母亲腌菜有万分的不情愿。洗菜、切菜、晾菜，母亲一个人忙出忙进，手洗得发白，风一吹又通红，还开裂细细的小口，母亲晚上在灯光下双手涂满了羊油，在炉子上烤着，因疼痛发出咝咝的吸气声。那时我已酣睡了。白天我仅仅是替母亲拉风匣烧开洗菜的水，可拉着拉着我就会打盹停下来，水开了也不知道。往往是刚烧开一锅水，如果同伴叫我，我就会跑出去玩到天黑。回来时，院子里矗着腌菜的几个大缸，黑黢黢、静悄悄没有一丝声音，它们更像在生我的气。屋里灯亮着，出工回来的几个姐姐已在收拾碗筷，母亲在火炉上熏烤双手，父亲在黑灯瞎火的里屋炕上吸烟，忽明忽灭的烟火像父亲的呼吸，有长叹的声音。

我在姐姐们的埋怨声中吃饭，睡觉。

因了这些记忆，我一直不喜欢吃稠饭。所以做的也很勉强。但在婆婆的调教下，还是学着做了。

母亲爱用洋芋做稠饭，婆母却喜欢糁子稠饭。她把碾好的青稞糁子放入沸水中，边洒边搅，用温火熬煮成糊状，同时把洋芋切成拇指大小的方块放在水里，一起烧开，再慢慢地煮上一阵，煮得绵绵的，放在嘴里用舌头一压就能化的时候，再开始往锅里撒面。撒面有讲究，左手抓一把细细的面粉，右手拿着一双长长的竹筷，一边用左手边往锅里撒面，一边用右手的竹筷很有节奏地搅和，面要撒得很细，让面粉从左手五个指头缝里均匀细致地撒入锅里，右手的竹筷正好很有节奏将面和水搅和均匀，不留半点面疙瘩，这样一直到竹筷搅不动的时候，再换成木勺搅，这时候，搅速度要加快，否则，面就会糊到锅底上，撒出的饭就有一股焦味，不好吃了。因此，做稠饭需要功夫，这个不是中国功夫，不过，也沾点边，是手腕的功力和技巧。婆母吃稠饭，一直是自制的油泼辣椒，炒的酸菜粉条也别具风味，洋芋切片不切丝，用葱花辣椒炝炒。腌制的菜是野韭菜或咸沙葱，必不可少。婆母爱做的这些菜，老公吃起来很是津津有味。

一次下雪天，在外地。朋友请吃，说要请吃稠饭宴，我因不爱吃稠饭，心里不想去，但不是很熟悉，又不忍拂了他的美意，就勉强去了。我们到时朋友已点好了一大桌的菜，菜都是家常菜，凉拌六碟小菜，有姜汁菠菜、有水浇萝卜、有大棚里种植的野菜，一个是大家都熟悉的但都不做的老凉菜，还有一个菜黑糊糊的看不清是啥。热菜有爆炒土鸡丁、红烧牛肉、醋熘葫芦、东乡土豆片等，中间是压轴的主菜，却是海鲜，是阳澄湖大闸蟹。这个菜我在吃稠饭时从没有配着吃过，看着有点突然，不知这是怎样的一种吃法？可迟迟不见稠饭上桌。朋友热心地让我们多吃菜，说饭正在做，饭要热热的吃才好，才能和外面寒冷的雪天相映衬。菜味道也是很家常，我尝了一口那个黑糊糊的菜，它的味道是茄子的味道。但比起大棚种植的茄子，它的味道更纯正，更浓郁一些。朋友说就是茄子，是他母亲在夏天晾晒的干茄子炒的。他特喜欢吃茄子，小时候，母亲常做给他吃，为了他冬天也能吃上茄子，母亲养成了晾晒茄子的习惯，年年不例外，即便是现在，大棚蔬菜已乱了蔬菜的时令。母亲不管这些，每年都要把晾好的茄子从老家带给他。可他每次都是送别人了。生意的繁忙，是他没有时间去细细品味母爱的味道。

说到这里，他停顿了好久，说，这次他再也不能送别人，这是母亲最后的一次关爱。母亲在病重的时候不让哥哥告诉他，怕影响他做生意。他的生意遇到了一点麻烦，可他并没有告诉母亲，母亲却从他每次打电话的时间和语气里有了感觉，硬逼着哥哥说了真相，也不让哥哥告诉他母亲自己的病情，挺着病重的身体给他晾晒了茄子。他赶回家时，母亲已走了，堂屋的侧墙上挂满了茄子，他对着那面墙流了一下午的泪，送走了母亲，小心地把那些茄子收拾在自己的包裹里带了回来，每次在酒店吃饭，都央求酒店给他做一道特别的菜，但没有人理解他，往往为了炒一盘茄子他都要付出代价，这次的代价是他必须要点酒店的一道菜——阳澄湖大闸蟹。因而饭桌上才有了这样不伦不类的搭配。

热乎乎的稠饭端上了桌，是小米稠饭，均匀细致，泛着米粒的光泽。盛在花瓷小碗里更像是临摹的静物。朋友说稠饭是他母亲最喜欢吃的饭。

我用我自己的方式祭奠了朋友的母亲。阳澄大闸蟹的蟹黄和小米稠饭泛着一样的光泽，似抛物线一样洒向窗外的高空，正午的阳光刺疼了我的眼睛。我想，母爱的高度是任何事物都达不到的高度。

青稞面箭头

>>>>>>>>

家乡盛产青稞，穗大饱满。夏季里一片青绿，刚刚饱满还没熟透的青稞蒸熟是家乡一道美食,叫碾棒。碾棒,将快要成熟的青稞穗或小麦穗蒸熟,趁热搓揉,簸净芒壳,然后用手摇石磨研磨,成为绿白夹杂、捻连成串的条状物,故名“碾棒”。碾棒放盐巴,加蒜泥,泼上清油葱花,柔而不粘,筋而不硬,味香色鲜,口感颇佳。

还有一样美食是青稞面箭头,滑腻爽口,夏季消暑好吃。秋季里颗粒归仓,满囤囤的粮仓使种粮的人满心欢喜,吃起饭来也是香喷喷。虽种青稞少,但家家还是喜欢吃青稞面箭头。青稞面箭头经开水煮熟,再在凉水中一漂,滑溜溜的,瓷实得很，拌上油泼辣子和自己酿造并经加工的醋,吃在嘴里,别提有多好吃了。条件好一点的炒几样像样的素菜，油泼辣椒老陈醋，炝蒜泥，踏韭菜，各味佐料相拌，在炎炎夏日吃起来有说不出的清爽。

这里还要给你介绍一道美味的佐料，吃青稞面箭头必不可少，需要特别加工，就是醋辣子。醋辣子要用地耳、鸡蛋、花椒粉、姜末、盐葱花和辣椒醋熬制。地耳洗干净备用，鸡蛋打花，锅里放菜油加热八成，把地耳、姜末、辣椒炒1至2分钟，再加花椒、盐和适量的水，水烧开熬一会加入蛋花、葱花，最后加醋和少许淀粉勾兑的汁就可。有了如此美味的佐料，其他菜肴是配菜，只是点缀而已。

你在山丹街头转悠，随便遇见一个买小吃的摊位，都有青稞面箭头在卖。但纯正的青稞面已罕见，大都是掺和了白面。青稞产量低，作为经济作物种植不划算，已经很少种植了。超市买的青稞面一斤的价格比小麦面粉要贵多了。但家乡人还是特喜爱青稞面，尤其爱做青稞面箭头，是夏季的主食，味美爽口。要想做的青稞面箭头好吃，和面也是一道重要工序，水温10到20度，水里化碱，要淡一点。和面还有讲究，一边向面里淋水，一边用手不断绕面。这样和成的面才均匀有筋道，面要反复多次揉，还要饧一会才好。然后把面切成一指宽，长度不限的条，用手掐下1厘米大的小块，用手掌搓成细长的面条，两头细长，越长说明手艺越精。手巧熟练的一次可以搓好4到5条，一般人可是望尘莫及。

我家二姐搓青稞面箭头一次就能搓5条，面在手下来回滑动，先前还是面疙瘩，眨眼就是圆滑细长的面条。大姐说，二姐的婆婆来我家串门看到二姐搓青稞面箭头，回去就央求媒婆婆来说媒，一月来三次，硬是把二姐娶进了门。至今我们都爱吃二姐做的青稞面箭头。

青稞面还有一种吃法，做成炒面吃。在西藏叫糌粑。去年在西藏吃青稞面糌粑，伴着酥油茶吃，醇香耐吃。糌粑是藏族的主食。藏族人一日三餐都有糌粑。实际上糌粑就是用青稞制成的炒面。

它是将青稞麦炒熟、磨细、不经过筛滤而成的炒面,与家乡制作炒面有点相似,区别是家乡的炒面是杂粮做的,有豆子、有麦子,也有青稞,而西藏的糌粑是纯纯的青稞炒熟磨成的。

藏族还用青稞酿酒,是用青稞酿成的度数很低的酒,藏族群众男女老少都喜欢喝,是喜庆过节必备之饮料,青稞酒的制作工艺很独特。先将青稞洗净煮熟,待温度稍降,便加上酒曲,用陶罐或木桶装好封闭,让其发酵,二、三天之后,加入清水盖上盖子,隔一、二天后便成青稞酒了。青稞酒色泽橙黄,味道酸甜,酒精成分很低,类似啤酒。喝青稞酒讲究“三口一杯”,即先喝一口,倒满,再喝一口,再斟满,喝上第三口,斟满干一杯。一般酒宴上,男女主人都会唱着酒歌敬酒。盛大宴会上,有专门的敬酒女郎,她们穿着最华丽的服饰,唱着最迷人的酒歌,轮番劝饮,直到客人醉倒为止。

藏族青稞酒制作相似米酒制作,家乡的青稞酒却是白酒,度数要烈许多,喝了容易醉人,纯粮食酿造的酒醉了也不容易伤人。和藏家的青稞酒相比,家乡的青稞酒就是硬铮铮的汉子,藏家的青稞酒就是柔弱女子,正好互补。

我本想只说青稞面箭头,没想到唠叨这么多,青稞的用处太多了。《本草拾遗》记载:青稞,下气宽中、壮精益力、除湿发汗、止泻。藏医典籍《晶珠本草》更把青稞作为一种重要药物,用于治疗多种疾病。青稞适宜在高寒地区生长。特殊的地理位置、生态环境和气候条件(高寒、无污染、昼夜温差大等)使青稞比任何一种麦类有效营养成分更多、医用的功效更好。它不但富含矿物质、维生素、天然叶绿素、抗氧化酶、黄酮等活性物质,尤其引起全世界关注的是,它还富含功能奇特的营养素——β－葡聚糖。生物、医学专家研究认为,β－葡聚糖具有清肠、调节血脂、降低胆固醇、阻抗肿瘤、提高免疫力等重要的生理作用。

青稞真是好食物。到我的家乡,吃青稞面箭头咋吃都爽,不吃遗憾。

山丹馍馍

>>>>>>>>

山丹的馍馍各式各样,不尝不知它的香甜。甘州的小巷里偶尔有馍的香味飘散,或近或远处,定有一处是在售买山丹的馍馍。

§大馒头§

山丹馍馍好吃,首推一种专走亲戚家时做的大馒头。谁家的姑娘有婆家了,男方家要去女方家认门,要蒸成双成对的大馒头。现如今,都被各式糕点代替了,但在农村还有少数人家要蒸的。

蒸馍馍的场面很宏大,得有大锅大灶,大木笼蒸。喧气腾腾,红红火火的,蒸一次馍馍像过大年一样热闹。蒸馍馍的工序也很复杂,首先是蒸馍馍要用发面蒸,发面得有面引子,就是我们所说的酵头子。酵头子头一天用温水泡好，中间用清水换几次水，再把适量的干面粉掺入搅拌成糊状，早上搅拌好的酵头子，第二天早上就发酵好了，天气凉时可能还需一天。发酵好的酵头子用热水和好面。待面发酵到体积增大两到三倍时，要在面里掺食用碱少许，比例大概一斤面需掺和1克~2克的食用碱。还需要多次揉面，揉一会停一会再揉，持续揉。反复多次，要让碱的颗粒在面团里分布均匀，这时候的面团柔中带劲，表面匀称滑腻，用刀切开时，气孔圆润大小分布均等。凑鼻子底下闻闻，碱的涩味很淡了，依稀有麦香味。这是有经验的人。如拿不准，就攒个面蛋蛋放慢火上烤，碱味淡淡，面色白净不发黄，就是合适。这时就可以放锅里蒸馍馍了。

这个大馒头蒸起来有讲究，蒸馍馍的人数要两人蒸，不能是单数，老辈人的讲究。如是第一次去女孩子家提亲时，整个馒头是实心的，里面不掺加任

山丹年馍

山丹年馍

何东西。蒸好的馒头上要用红颜料点一个红点，圆圆的，艳艳的，很醒目。如果是新婚时用，这个馒头却要女方家蒸，也是实心，里面却要放成双成对的枣子和硬币。但第二次去姑娘家或串亲戚，做法又不一样了。面要摊成饼，抹上香油，撒上胡麻籽、香豆子、红曲、姜黄等一层一色地摞起来，叠摞五六层或七八层不止，层次分明，颜色搭配鲜艳。最上面用一张面饼包好，在面饼上还要有装饰，周围有花边，形状似云头，或似树叶、花瓣。蒸好的馒头上用红绿色点缀上花朵的样子，有方有圆，错落有致，有时不忍吃摆放起来欣赏。它还有一个别致的名字："狗舌头"，想想看，多直观。我们在中秋节那天也要蒸，摊成圆饼，摞十二层。一层一个颜色。不过又叫它"千层月饼"，那一天馒头上面真要画上月亮和云朵的形状，还要在四周做几个鼻窍，塞上红枣，节日的喜庆就显出来了。

现在买馍的场面也很大，但是用电蒸锅蒸，一溜儿银光闪闪的电锅，但没有热气腾腾的蒸气，馍馍也不是很喧腾。放凉了硬得咬不动，很怀疑不是面粉蒸的。

§ 供 样 §

祭祀时也要蒸馍，山丹人叫它供样，就是供品。

二月十五，七月十五，十月初一都是祭奠先祖的节，这一天家家也要蒸供品，俗称“壳篓子”。这个馍蒸时下面要垫一个小小的筐，山丹一般用芨芨草编，这样蒸出来的大馒头是空心的，也叫供样。

如果是在一个人的葬礼上，这个供品就叫祭。在葬礼上，至亲的人要给死者摆祭，以示隆重的悼念。这个祭蒸起来还要热闹，参加蒸祭的人也很多。数量、花样都有限制和规定。蒸馍馍前还要有许多前期的准备。准备鲜花、杏仁、各色颜料等等。这个馍馍要在人最悲伤的时候蒸，人多一点的场景是为了冲淡哀伤，我这样想。

摆祭是有讲究的。一种是全祭，也叫大路祭。大供四十个，小供四十个，合儿四十个，花供八个。花供是在蒸好的大供上插花，一般用单瓣的杏仁染色

山丹面馍

拼对成花型，更有手巧的，还能拼成鸟或鱼的形状，色彩艳丽，花样各异。现在人图省事，直接在大供上插各色鲜花就成。盘数十六，盘数是有面食做成各样动物造型、水果花样，如狮子八对、红萝卜、马板肠等栩栩如生，还有黄馒头、白馒头，还要用生面捏十二生肖，金童玉女一对，油炸大饼、油果(山丹油炸面食的一种，也是深受喜爱的食品)各八个，真是琳琅满目，堪称面食艺术大全。有记载说一套大路祭蒸下来约用去一石多粮食加工的面粉，想想多浪费呀。我们节俭的先人在极度悲伤的情绪下，给我们留下了如此奢侈的葬礼风俗，是对后人不孝的惩罚吗？

现在多流行小路祭，节约多了。小路祭各色花样都相比大路祭少了一半，也有用面包和干果代替的，简单节约。铺排复杂的程序呈现在葬礼上，也仅仅是形式上对逝者的一种怀念罢了，尊敬老人，关爱老人，是现实社会的美德，人人都应该发扬光大，对待丧葬应提倡简办为好。

§ 糖花子·油果子 §

也许是珍贵，或是工序复杂，糖花、油果子这两种馍馍，我们一般在过年时节才做。在张掖五县一市中，只有山丹人做得最好。

发面的过程是一道必不可少的程序，也是关键。发的面要柔软圆润，这是山丹馍馍好吃的主要原因，尽量不要用超市买的发酵粉，还是用自家备用的酵头子。那个晾干的发面，轻易不会坏掉，常用常新。

还要在发好的面里掺一点油面，油面用加热七成熟的清油拌好，再掺杂在发面里，反复多次揉匀，这样的发面有了酥性，老人小孩吃起来可口。

最关键的事是还要制作糖面，这对巧妇们是一种考验，也是糖花子制作的关键。和好糖面是一件看起来容易做起来难的事，当然经验丰富者除外。对于长久不做或新手来说，这个糖面要么

油饼

全化在油锅里了，要么硬得咬不动。糖水要按比例熬制，糖和水的比例大概是2:1，水温是30到40度左右。制作时，糖面是摊在上下发面中间，它是一种承接和调和，至关重要。糖多了，糖在油锅里飞扬跋扈，糖花子就失了“淑女风范”；糖少了，糖花不开，就少了灵动，呆板如同嚼蜡。

糖面挟持在上下白面饼中，静静地等待在油锅内历练，“成仙羽化”。面饼是正方形的，要经过多次分割，成四方的小块，一边留一方寸，一边切成梳状，双手捏长梳齿，然后方向相反卷成云头样，祥云成阵。摆在案板上，年味就已经出来了。

最后烧热清油，把做好的糖花子轻轻放入油锅，在风云翻滚的油锅里，气定神宁的糖花子节次开花，颜色也是依次变得金黄鲜亮。

捞出锅，漏尽浮油，摆放整齐的糖花子笑逐颜开，欢欢喜喜等待过大年。

油果子做起来要简单许多，面饼或圆或方都

行，中间夹糖面也可以，但为了改换口味，一般不放糖面。要切成长方形，稍大一点的在中间切宽窄相等的五等份，用无名指挑起两份，用双手的大拇指和食指拿捏起各一份，双手上下翻转，中间拱起，一个小巧可爱的油果就翻成了。现在人省时偷巧，切小方块，直切一刀，上下翻转就成，简单快捷，也很可爱。

一般炸糖花子、油果子，都是冬日的阴天或飘着雪花。母亲和请来帮忙的隔壁婶子的身影在堂屋和厨房之间来回穿梭，她们高一声低一声地说着话。父亲在灶台旁看着火候，不时高声插一句，不知是什么话，惹得婶子们大笑。我常常躲在里屋看书，会被她们的喧闹招惹出来，母亲看到我会让我把做好的糖花子端给父亲，放灶台上。母亲唤我拿回盛放的方盘时，我已不见了影子，母亲自己去取回来，责怪父亲不使唤我，父亲往往什么话都不说。

糖花子

夜色深起来，母亲和婶子们嚷嚷着腰酸背疼，还说闻了油味不想吃东西，父亲不知啥时已在灶房熬好一锅酸菜汤，她们就嚷嚷着把汤喝过走了，院子里陡然静了下来，父亲锁好灶间的门时，我已进入了梦乡。迷糊中听母亲对父亲说，娃娃要吃就吃簸箕里的，墙角缸里的糖花子腊月里是不能动的，正月来客人吃。

现在过年，婆母做满满一大缸。糖花子耐放，放陶瓷大黑缸里，腊月正月一直吃，吃得腻味，来年还想吃。

§ 烧盒子 §

还有一种馍馍，你吃了还想吃，永远吃不腻。这个馍馍胃凉的人吃上更好，暖胃。出远门的人必定要带一个在身上，暖心。

这个馍馍山丹人叫烧盒子。一个烧字，很形象。外面火焰高蹿，里面的馍馍岿然不动。反复多次，等烟熏火燎的阵势过去，火籽正旺。这时候，不能散火，也不要着急锅里面的馍馍烧焦，等火籽慢慢煨着。凉了。成灰了。你再打开铸铁做的烧锅，里面的馍馍香味扑鼻而来，金黄透亮的烧盒子诱惑着你的食欲。馍上面抹油放凉后，再吃，清香脆酥，麦香十足。

做这个馍馍，得有耐心。现在电烤箱烤出来的烧盒子，有点浅薄，没有麦草烧出来的醇厚，少了时辰，也没有自然天成的麦香味。

那时候，母亲做烧盒子，一整天都在院子里转磨着。发面。看灰碱的合适。揉面。使唤姐姐洗净烧锅，刷上一层青油在里面，还要预热烧锅。要准备好成堆的麦草或菜子杆。工序一道接一道，母亲有条不紊，有空隙的时间还在纳鞋底，有串门的邻居进来，帮忙做着馍馍，有时还要做花样，卷成花卷的模样，烧出来时“花开争艳”，油一抹，透着光的亮度，煞是诱人。

那时候，我在县城上学，每次开学时，带回来的烧盒子人人喜欢。母亲每次来看我时，都不忘带几个烧盒子来。现在，还有那时的同学常常提起。

有一天，我看到街上有买的烧盒子，我买了几个给昔日的同学带过去。她打电话过来说，这不是你们乡下做的，是街上买来的吧？我说我只能买了送你，没办法烧了给你了。不久，她托人给我带来两个，说她乡下的婆母做的，没有我母亲做得好，凑合着吃吧。

我轻轻切开那个泛着麦子金色的烧盒子时，一股清香散开在我的厨房里，里面没有掺杂任何颜色，青白而松软的瓤泛着瓷器的光泽，麦香味就从那蓬松有序的蜂窝里丝丝缕缕飘了出来，直钻我的鼻孔。儿子凑过来说，妈妈，这个大面包真香啊，我要吃。我切一块送在儿子口里，美美的一大口。儿子说，好香啊。

§ 窝酥子 §

腊八粥刚喝过，女人就嚷嚷着烙窝酥子，炸糖花子了。有人就说房还没扫呢，扫干净再烙吧，要不灶神爷生气了，你就烙一锅焦馍馍。

腊月里扫房、烙馍馍成了固定的习俗。往往都是一天的时间扫房，一天的时间洗涮，再用几天时间烙馍馍。烙窝酥子工序更是繁复，发面，揉面，还要用熟油拌一定数量的油面馅，加糖或不加都可以。最复杂的就是垒火鏊子。垒时要把煤砖砌成小方块，在大铁鏊子最低层先码一层，每一块中间稍有间隙，然后在空隙上方再码一层。依次而上，直到仅在上面码一块砖，呈金字塔形。然后用柴火从中空的地方引着起火，慢慢其他煤砖也燃烧起来，外表看不出火势，内里已是熊熊烈焰。火鏊子是面火，还要凑底火的，两面夹击，火势要一样，烙的馍成色也相同。

这时候掌握火候的人至关重要，需要眼疾手快，但不要毛糙，要胸有成竹。在家里，这个活计是父亲的专利。他做得很好，邻居也常邀请他帮忙。他答应时很有大将风度。看着父亲得意的样子，我也很高兴，可以跟着他去串门，随意玩小伙伴的玩具。

母亲则是安安静静地做馍馍。窝酥子做起来很讲究，发面，揉面，看灰碱的合适，拌油面。一道一道的，母亲有条不紊，安静得只听见母亲的呼吸声。往往是帮忙的婶子们来了，热闹和声息就高涨起来，面团在母亲和婶子们的手中像是一个服帖的绵羊，想揉成啥样就啥样。她们把面揪成大小相等的小积子，摊成小圆饼，里面包上油面馅，外形像过年包的老鼠饺子，一个个蹲在案板上等着过大年。再把包好馅的饺子用擀面杖擀开，抹油，卷起来，用刀等份切开，把两等平放在一起，捏住两头来一个三百六十度的旋转，然后向下摁下来，用面杖摊开就好。做好的窝酥子整齐有序地摆放在铁鏊子里，像盛开着朵朵鲜花，用鏊子烤得金黄闪亮，散发出麦香悠长的味道，那时候，也许是清油金贵，是不轻易烙窝酥子的。孩子们嘴馋了，父亲就在炉火上给我们烤青稞面粑粑吃，烤得金黄脆亮，咬在嘴里香甜酥脆，一点也不比窝酥子差。现在青稞面反而珍贵了，轻易吃不到。窝酥子天天街上有卖的，可吃起来一点都不好吃，以前的味道荡然无存。

§ 黑面饼子 §

现在的人吃的精细，也越来越讲究标准。民以食为天，吃的问题自始至终是大事。1988年，农业部提出建设“菜篮子工程”，到了二十一世纪，要优化“菜篮子”，提高质量，实现“菜篮子工程”与生态环境协调发展，使人们生活得更美好。从最初的能够“果腹”，到如今吃得科学养生，进而吃得“奢侈”。好像每一个人追求的幸福生活标准就是吃得幸福不幸福。每一个境界的人有每一个人的见解，吃什么？怎么吃？仁者见仁，智者见者。众说纷纭，吃的也五花八门。

但万变不离其宗，吃什么还得自己的身体说了算，身体的承受能力决定了你吃啥你就得吃啥。天天吃鲍鱼宴你也会受不了，吃回来，觉得有暴殄天物的感觉，心里不舒服，还有啥幸福可言。记得有一位英国人说过，幸福是一种难得酿制成的酒，在品尝力庸俗的人看来是平淡无味的。吃在品质上，真是一种新思想。

扯远了，说这么多，是想说我们山丹的黑面饼子也是应时而生，精细的白面吃多了，身体需要粗粮改善一下，黑面就是首选，也是人们身体对吃提出的要求。糖尿病，高血糖，高血脂，都是吃出来的病，吃的太好了，吃出富贵病，怎么治?药物治疗是关键，但饮食习惯也要改变。吃得太精细了要得病，那就吃粗粮吧。黑面、包谷面等粗粮又上饭桌了。

每次去张掖，都要带黑面饼子给亲戚，成了定律和习惯。他们喜欢吃或是必要吃，而且还要给关系好的朋友送。时间久了，山丹买黑面饼子的店家就问，你给谁带呀？是哪里的亲戚？一一对他说了。后来，张掖的亲戚说，再别带了，我们这里饼子还比你带来的便宜，一样好吃。是山丹人在做着买呢。哦，出于好奇，去亲戚那里，特意去看了，原来就是山丹的店家，怪不得找不到了，是搬家到张掖了。也许是店家看着我们每次大包小包的带起来麻烦，也许是他太精明能干。

黑面饼子成了山丹馍馍的招牌，即便店家在山丹以外的其他地方买，也要写清楚是山丹的黑面饼子。在一些接待场所，山丹的黑面饼子也登上了台面，吃过的人都念念不忘。看来在困难时期只能“果腹”的黑面饼子，在现在身份来了一个三百六十度的大转弯，成了桌上的“佳肴”。在我们的焉支山游玩时，在农家院就餐时，有一道菜是上一盘山丹馍馍，就是把黑面饼子依花纹切块拼成花样，叫姊妹饼。有了女孩子一样美丽的名字，这个饼吃起来肯定好吃。

黑面饼饼或甜或咸，一层一层的胡麻香喷喷的，吃着酥软可口。人还在巷道远处，就嗅到了馍馍的清香。单凭那股胡麻的香气你就会知道有山丹的馍馍肯定好吃。

年夜饭

年夜饭

>>>>>>

年三十，游子归心似箭，父母盼子心切，恨不得把好吃的美食都做了给归来的孩子吃！那种丰富与丰盛无与伦比，故年夜饭有“装仓”之说，说要吃得饱，吃得好，来年的生活一定丰衣足食，幸福无忧无虑。

这即是美好的心愿，也是人生的最幸福之事。

老百姓有“穷过日子，富过年，不吃饺子没过年”的说法，年夜饭要的就是富足宽裕，因而年夜饭要有鱼，预示年年有余，还要吃饺子，表示阖家团圆。年三十的饺子要在除夕夜的子时（零点）吃。久而久之，如今已演变为初一吃饺子。以前年夜饭讲究吃饱，不仅人吃得饱，家里的家畜也要给吃饱，都要“装仓”的。期盼来年风调雨顺，生活如芝麻开花节节高。现在，日子越过越好，吃饱已不是问题，人们追求怎样吃好，这个“好”字标准也是各不一样，如今的年夜饭也是花样品种繁多。有人要吃的健康营养，当然最好，有人要吃出排场与气势，这不免有浪费。听说一顿年夜饭竟耗资二十万，二十万的年夜饭吃什么，咱老百姓是想不出来的。以前就有过天价年夜饭：早在2006年春节，地处杭州城隍阁风景区的“老正兴”港式中餐厅就推出过5桌高价年夜饭，最低价为3.8万元，最高价19.8万元。据当年的报道，19.8万元的年夜饭，店主拿出了他自己多年的珍藏，小到自制的香糟油，大到2万元一只的日本极品网鲍、吕宋黄胶鱼翅王。即使是茶，也是存放了50年以上的普洱。但据说当年反响平平。

2011年春节，杭州一家五星级酒店再推19.9万元一桌的年夜饭，当时列出的菜谱有：极品八头网鲍、虫草野生甲鱼汤、干锅葱香日本红参、阳澄湖大闸蟹、东海野生大黄鱼、冰花炖血燕，等等；酒水包括15年茅台2瓶，2004年拉菲2瓶，另赠送总统套房一夜。同样是2011年春节，苏州某酒店刷新了国内媒体报道中价格最高的年夜饭纪录——38.8888万元，除了鲍翅、总统房以外，还有豪华悍马贵宾接送，但最后遭来漫天非议，天价年夜饭当年并没有订出去。2013年同样是杭州，知味观味庄单桌价格最高的年夜饭，20万元。20万，抵得上一般人家的全年家庭收入，可以吃些什么呢？客户保密菜谱也保密，只是“定金已付”。一个什么LIM小姐说，如果食材足够高档，20万很容易“消化”掉。怎么消化却保密，有点玄虚，不知享用者追求的是什么？

在饭店里吃年夜饭已是一种趋势和时尚，但不管怎么样，年夜饭不能没有家的氛围。因此，亲手做年夜饭是另一种快乐。一家人分工协作，买菜、做菜、洗碗……全家齐上阵。如果有烹饪技术的可以一展技艺，在做年夜饭的过程中，一家人拉拉家常、切磋做菜技术，欢声笑语，这样才有家的感觉。其实，年夜饭并不在于吃，而在于一家人坐一起交流、在于家人一起做年夜饭的过程,这个过程就是幸福的享受。

山丹人如今真的越来越有钱了,现在你在街上瞅一瞅,随处可见宝马、奔驰、奥迪、保时捷,吃的住的玩的消费可一点也不比一线城市差!

山丹历来外出创业者众多,到了腊月里,乡村、小镇乃至县城,顿时热闹起来。

不管在外如何辛苦与艰难,回到家乡时,他们都要表现得比平时阔绰一些,不能让人小看。不管是挣得钱多钱少,年货一定要置办的足足的,年一定要过得风风光光,年夜饭一定要吃得有滋有味,热热闹闹。

这几年,一到年三十,县城的大小饭馆是不能休息的。外出的人陆续归来,家中过年也仅仅是八到十天,现在的年轻人图省事,索性不回乡村老家居住,因房屋长期不住人,有潮气,再说待的时间短,要住还需置办许多家居用品,很是麻烦,就租住宾馆,一日三餐就在县城包酒店长吃,却也会享受,但也少了温馨的家居滋味。也有富足之人,就在城区买了房,平时人去楼空,到过年时暂住十来天,但因是单元房,暖气充足,锅灶方便,只需买面、买菜即可,也很方便,年夜饭也在酒店里预订了吃,一家人大大小小,老老少少,齐聚一堂,不用姑嫂媳妇忙手,也不用兄弟出力,酒家的席宴也是花样繁多,或酒席炒菜,或火锅拉面,再加上一点传统小吃,年夜饭就吃得很是热闹丰盛,但总是缺少一点让人怀念不已的家的味道。

山丹传统的年夜饭,除了吃饺子,吃酒席,有一样饭也是家家必备,那就是山药、萝卜、羊肉或牛肉炖的汤,汤里还有炸好的丸子,有粉条,这也叫“熬岁汤”有肉有菜,荤素搭配,从营养学上说也是很科学合理的。在情理上来说跟适合年三十熬夜的习俗,汤在火上慢慢炖着,一家人温馨地叙谈,这个汤不仅供给身体营养,一家人精神上的享受也是不可多得。

如今的山丹人,年夜饭依然保持着古时的许多风俗,如吃饭前祭祖,放鞭炮,辞岁等。但由于近年来年夜饭的吃喝已不重要了,有人认为:“年夜饭早已超出了‘吃’的范围,而在于那份人与人之间的温馨,它温暖在一家人的问候和温情中。既有对即将逝去的旧岁有留恋之情,也有对即将到来的新年怀有希望之意。”

年夜饭在除夕的夜晚又称“团年”或“合家欢”,因为这顿饭以后就要告别旧岁迎来新岁了,所以又称“分岁”。在古代,人们认为年夜饭还有逐疫、驱邪、健身的作用。因此,年夜饭的特点是全家大团圆的宴会,无论男女老幼都要参加,为了这个团圆,外出的家人或子女都要赶在除夕前返回家来,如果没能及时赶回来,餐桌上要给未归人留一个空位,摆一双筷,表示全家团聚。年夜饭是团圆饭,从古到今,是每一个温馨的家庭是必不可少的一道菜,是中华民族优良传统的连续传承。

臊子面

春节美食

\>>>>>>>

§ 初一元宝 §

山丹民间过年初一吃饺子。俗话说得好，初一吃元宝，招财又进宝。大凡节日的饮食，不仅仅是为了吃饱，还有许多寓意在里面。春节是一个盛大的节日，期盼它的来临，不仅仅是小孩子的事。那一天，每个人都希望在新的一年里有新的气象，也寄托着对未来生活的热爱，美好生活的期望。

正月初一清早盥洗后，首先要给家神点烛上香拜祭，还要祭祖，有祠堂的要在祠堂向祖案点香拜祭，最后要向家中在世长辈行跪拜大礼，长者坐上位，晚辈磕头、鞠躬拜年，年长者要给晚辈压岁钱。平辈者拜年仅拱手致祝贺语。然后，一大家人围坐一起包饺子，在热闹喜庆的气氛中，话话家常。

初一早上还有讲究，先要端上糖茶、油果子，第一杯茶敬祖先，第二杯敬奉家里的最老的长辈，然后晚辈依次喝茶吃糖花子、油果子。寓意一家人甜甜蜜蜜过日子，茶里面有红枣，期盼好运气早早降临，一切吉祥如意。

最重要的是初一家家要吃饺子，寓意很多，一是饺子形如元宝，象征“招财进宝，财运亨通”。第二个寓意饺子有馅，人们将吉祥的东西放进馅里，寄托对新岁的祈望，包进麻钱子，表示富贵如意；包进花生仁儿，表示健康长寿；第三个寓意是应时，过年的第一顿饺子必须在年三十夜里子时包完，交子时进入新年，为取“更岁交子”之意，一切都是欣欣向荣。饺子包好，第一碗要敬先祖，家家还要放鞭炮，故有“爆竹一声辞旧岁”之说。

过年时，拜年之风绵绵相传，拜年习俗有传说：古时有一怪兽，长得血盆大口异常凶猛，人们把它叫做“年”。每逢腊月三十晚上子时，便出来残害百姓，人们只好摆上肉食等供品让“年”食用，还要在此时放鞭炮驱赶“年”来残害人群，躲到初一早上见面，作揖道喜，第一句话就是“年过得好”。互相祝贺未被“年”吃掉。初一拜年拜本家，有尊者带领，先拜本家户族，再是左邻右舍。各家以糖茶、油果子、核桃、糖果等招待。小孩也跟在大人后面走家串户，蹦蹦跳跳，欢乐异常。初二拜年，拜岳父、拜母舅、姑丈。

初二日，嫁出去的女儿头一年便会同丈夫一起回娘家拜年，岳父要盛情款待，意思“嫁出去的女儿泼出去的水”，女儿女婿已是亲戚了，不是家里人，所以要客客气气招待。然后，小两口要依次去拜见舅舅、姨姨、姑姑，大凡亲戚家都要去拜见，小两口几乎天天在亲戚家吃饺子，一个正月吃过去，腻得几月都不想饺子，可是到了来年过年时，早早就喊叫着包饺子吃，还是吃不腻。

§ 初二皮条 §

每一个节日都是岁月赐予我们的幸福，在节日的休闲中，怀着感恩的心，享受着自由自在的日子，这是多么惬意。节日里，我们走亲访友，问寒问暖，抒发感情，传播信息，增进友谊，礼尚往来，一切都是生活的馈赠。

大年初二，开始走亲访友。来客人就要热情待客，走亲戚我们有乐不思蜀的感觉。故乡过春节，初二是要吃饧面的。俗语也说：初二吃皮条，意为拉条子捏扁拉长有一指宽，吃起来柔韧绵长。那细细长长的拉条子，寄托着美好的祝愿，也有寓意无限的亲情绵绵不断。尤其在这一天，新姑爷要上门拜年，说啥也要盛宴招待，“一个女婿半个儿”，现如今，独生子女多，家家不管是女儿女婿，还是儿子媳妇，有两家的父母疼爱，这第一次上门拜年，一点委屈都不能受，都当做贵客一样款待，待客的程序一样不能少，先要喝茶，茶要红枣糖茶，红枣一定要吃了，“说吃个红枣，来年生个胖小”，有长辈美好的祝愿。其次才是吃饭，不管炒多少菜，炒多稀罕的菜，新姑爷这一天饧面一定要吃。因此，这一天的饧面拉条子再也不是家常的拉条子，是款待贵客的年饭，是上了宴席的饭，不管你红烧了鸡，还是焖了鸭，最后都要在桌上端上拉条面，这一顿年饭才算吃得畅快，吃得完美。

从选面、和面、醒面、揉面、拉面、下面，到选肉、选菜、切肉切菜、配菜配料都一定是丈母娘早就准备好的，面要拉的细细的，下出来要精细均匀、圆润滑爽，配菜要炒出色香味俱佳，诱人食欲。蒜泥用熟油过一下，和醋、辣椒一起拌面吃。面柔韧筋道，菜是家常小炒：孜然羊肉，抑或羊肉炒芹菜，干脆就是辣子、茄子、西红柿、洋葱和羊肉的烩菜，吃拉条配着美味的炒菜配菜，吃起来口齿留香，新姑爷一定要吃两碗，双数图吉利。

丈母娘拉面有功夫，一次能拉两条以上，先捋，后抻，再绕，尤其绕面，功夫全在里面了。新姑爷吃着爽口的拉条子，心里想，自己媳妇要学到这样的功夫，那以后自己就有口福了，想起以后想吃美味的拉条面就能吃到，不由得偷着乐了。

§ 初三开刀 §

初三一过，年味就淡了，这一天，家家要做臊子面，要供奉臊子面、放鞭炮，寓意“送神”归去。因为初一、初二两天不能使用切面刀具，初三臊子面主要功夫在切面功夫上，要使用刀。用前要祭神，要小心翼翼，不能伤到手，因而初三的臊子面吃得也很神圣。老百姓心里面都住着一位神仙，可以庇佑全家的一切，送神归去和吃臊子面一样也很神圣。上香祭拜放鞭炮，心中至高无上的神走了，带走了希翼，带走了期盼，心中有一丝丝不舍与无奈，但日子还得按部就班的过，一切照旧，日子流沙一样静静的流走了。

平常做臊子面少了那份敬畏和神圣的意义，但臊子面依旧是家常饭。做臊子面的巧媳妇，擀面一定是好手。和面用淡碱水(冬温夏凉)，软硬适中，切剂成团后，抹少许植物油放在面盆里饧好备用。擀面要边擀边转动面片，使面片擀得又圆、又薄、又匀，像一张纸。切面很关键，切面时，把擀好的面片折叠好，左手五指并拢扣在面片上缓慢后移，右手握住刀柄不停顿地提刀，用力大小以切透面片又不伤案板为宜。手巧能干的媳妇切出的面条细长而均匀，可惜现在都用机器压面，味道没有麦香味，那手脚麻利擀面擀得匀实的巧媳妇也越来越少了。但臊子面永远是老百姓桌上的家常饭。羊肉臊子面、猪肉臊子面、南瓜臊子面，个人的喜好就是天天的家常便饭。老百姓的日月多的是平淡，一碗平平常常的家常饭，酸甜苦辣，五味俱全，是全部生活的写照。过节也罢，过日子也罢，在老百姓眼中，一碗臊子面足矣。

元 宵

\>>>>>>>

元宵节,在我的记忆里一直是热闹的。

以往的农村,社火是过年的重头戏,尤其在正月十五这一天,逐渐淡下去的年味又重新浓郁升腾起来,小孩子口袋里的糖果已寥寥无几,便期盼这一天母亲做的汤圆,也就是元宵,抑或还有收藏的糖果变戏法一样出现在我们面前,那可是欣喜雀跃。

有时往往是喜忧参半,糖果纸里包着的是母亲用油炸的面食或洋芋丸子,带着一丝丝的甜,里面放了糖精,但对于馋嘴的小孩子来说,那也一样是美食,虽然味道比起糖果淡了许多。当然和现在琳琅美味的元宵相比,更是差了许多。母亲一直做洋芋汤丸当做汤圆给我们吃,直到我吃到真真汤圆时,我还是认为我吃过的洋芋汤丸是我们家乡特有的元宵。糯米做的元宵那是南方才有的，它太像吴哝软语的江南，温温吞吞，没有北方人的朴实硬朗。

那时候，农村的孩子是见不到元宵的，有的根本不知道元宵是啥东西。当时能够吃饱饭穿暖衣就是好生活，其他都是奢侈。但是正月十五看花灯却是天经地义，灯是零星的几只，有时候还是一模一样的宫灯，说是宫灯和现在真正的宫灯是无法相比，偶尔也有兴趣浓郁的人做各式各样的动物花灯，让我们小孩子留恋不舍，惊奇它是多么的神奇。

正月十五成了我们小孩子的又一个快乐的日子，恰巧那天下雪，晕晕的灯光下飘着一片片的雪花，落地无声，飘洒有形，似鹅毛，似鸭绒，有时似洋洋洒洒的面粉，张嘴想吃。其实这样的景象后来看得多了，才有了这样的比喻。当时是不怕天寒地冻，一门心思围着花灯转，晚饭吃了的水饺早已消化掉了，心里便惦记着母亲留在碗柜里的油炸洋芋丸子，灯也顾不得看了，一溜烟回了家。

家里的灯一直亮着，是母亲等我们回家。桌上的煤油灯爆着灯花，啪啪响着，母亲手里拿着鞋底，身子斜倚在被子上睡着了。我蹑手蹑脚从碗里取出炸丸子塞进嘴里时，母亲翻个身又睡了，说，快吃吧，吃完了快睡觉。其实我早已吃完，听到母亲的话便飞快上炕睡觉，醒来母亲已在灶房忙活着。

真正能够吃到元宵的时候，我已记不清楚了。可那个香甜可口的糯米丸子怎么也比不上母亲做的洋芋丸子好吃。

今年的元宵节我去了乡下的姐姐家，我说我想吃妈做的洋芋汤丸，年逾花甲的姐姐立既洗手揽袖做起来，火炉里呼呼烧起来的火烟映红了她的脸，微微佝偻的背影似乎是母亲的影子，我偷偷揉揉发酸的鼻翼，帮她干活。我们做洋芋泥，勾面芡，打粉芡，煮花生，炒芝麻，一道道工序下来竟然忙活了大半天，当我们轻轻把它揉成一个个圆圆的丸子时，看着排列整齐的汤圆，姐姐轻轻叹口气，我们做的没有妈做得好，妈走了已经十年了，活着就九十岁

汤圆

了，活着不知道还能不能给我们做汤圆呢。我们唏嘘着。姐姐三岁的孙子嚷着要吃汤圆，冷不防他把一个生的汤圆咬破了，我们赶紧给他炸。对了，现在超市买的汤圆能煮着吃，家里做的洋芋丸只能炸，炸好了也可以做汤吃。要炸得金黄金黄才好。

元宵节晚上，我在乡下，吃着炸得金黄透亮的洋芋汤丸，想着母亲，想着记忆里的家乡，整个夜晚朦朦胧胧。记得姐姐说还是超市买来的好吃，那个汤圆软，她牙不好吃起来方便。是啊，糯米做的汤圆温软香甜，咬一口蜜汁满口，像是水乡江南，使寒冷的北方乡村温暖起来。可姐姐的孙子却奶声奶气地说，奶奶，还是你做的汤圆好吃！

煎 饼

\>>>>>>>

虽然煎饼是天津很出名的小吃，但我固执地认为它是我们家乡的小吃。它在我的记忆里根深蒂固。

每年的农历正月二十这一天，母亲都要做煎饼，我一直等母亲煎好一层厚厚的煎饼时，我便用一个小碟盛放好两个煎饼，一个用来补天，一个用来补地。把它们供放在正堂屋时，父亲会点燃三炷香，香烟袅袅升腾，父亲虔诚地祷告来年风调雨顺，五谷丰登。我已飞快跑出堂屋，这时我就可以吃煎饼了。等到三姐梳滑溜她的大辫子，煎饼已矮下去了一大截，所以三姐姐在我们姊妹几个里最瘦。

母亲做煎饼的料最主要的是面粉，面粉要是粗粮，但要是劲道好的粮食磨成的面粉，最好掺一点点豆面，这样做出来的煎饼疏落有致，晶莹剔透，里面的青菜丝一目了然，真是山是山水是水样的清秀，吃起来也就自然可口，食欲大增。

那时候，母亲做煎饼，不能自由地挑选面粉，青菜也没新鲜时令的，只有陈年腌制的咸韭菜团子，色泽灰暗，没有新鲜翠绿的蔬菜，母亲还是把那一坛坛的咸韭菜当成宝贝一样保存下来。

母亲做煎饼的速度很快，母亲在我们还没有起床时已准备好一大盆面糊糊，清清荡荡，上面飘浮着一根根黑乎乎的韭菜，隐约能看出原来的绿色来。那个面盆常常安静地在锅台上等待母亲。

火苗舔着平底的铝锅，锅底母亲已用油刷刷了一圈，滋滋作响，母亲舀一勺清汤寡水的面糊糊倒进锅里，随着滋滋的响声，锅在母亲手里不停地旋转着，一张张圆圆的，散发着野韭菜清香的薄饼就像小山一样烙满了托盘。小侄女围在锅台边，等待

煎饼

母亲不小心摊烂的那一张饼，母亲受不了她眼巴巴的样子，给了她一张饼，她拿着饼飞快地到我跟前让我看，并说是奶奶给我的，不是我偷吃的。我拍拍她的头，说小馋猫，她顾不上还嘴就吃起来。

我学做煎饼却不是母亲手把手教，而是在婆母的教诲下学会，她一边抱怨母亲娇惯我，做了人家媳妇还什么也做不来，一边教我做煎饼。面要用凉水，这样调出来的面糊糊不会结疙瘩，面糊糊要调得不清不稠，然后放一到两个鸡蛋，搅拌均匀，依次放上淀粉、葱丝，韭菜切长段要起联结的作用。做煎饼最讲究的是锅，锅要平地的铁锅或铝锅，这样摊出来的煎饼薄厚均匀，不软不硬，香味可口。她教了我无数次，在她面前我从来就没做成功过一次，她一幅恨铁不成刚的样子，只好每每亲自做给我们吃。但有一次我却在婆婆不在家时做成功了一次，儿子见到他奶奶就说，我妈妈会摊煎饼了，可婆婆硬是不信。

煎饼确实不好做，现在年轻一代会做的寥寥无几，我很担心它会在以后慢慢消失，我在每年的正月二十都努力学做煎饼并记住这个日子，等女儿长大后一定教会她做煎饼。

我不知道最早做煎饼的那个人是一个怎么样的人，她是否会想到一张薄薄的饼会承载如此重大的意义。她是一个勤劳的主妇还是一个巧手的媳妇，也许是女娲本人，补天补地补累了，回家做饭也习惯性摊一张饼，成就了天，成就了地，也成就了全家的温饱问题，日月就滋润起来，习惯也就流传下来，让后来的一代代人不要忘记他们。

葱油饼

二月二龙抬头

>>>>>>>>

农历二月初二，民间称这一天"龙抬头"，象征着春回大地，万物复苏。这一天，全国各地吃食也都有讲究。有吃面条、春饼的，还有吃爆玉米花、猪头肉等等，不同地域有不同的吃食，但大都与龙有关，普遍把食品名称加上"龙"的头衔，吃面条叫吃"龙须"，吃春饼叫吃"龙鳞"，爆米花是"金豆开花，龙王升天"的寓意，猪头肉就是龙抬头。在我们山丹，二月二大多是烙油糊喧，葱油饼，寓意和吃春饼相同。

每个节气都是新气象的开始，但也是相对的。二月二，初春时节，万物苏醒，当然也包括害虫、病菌开始复苏繁殖危害人间。山丹民间在二月二这一天要去水源地头或是龙王庙舞龙，以此镇灾辟邪，祈福求安，祈盼来年风调雨顺，五谷丰登。这是劳动人民的一种精神寄托，人们自古崇拜龙，以龙为图腾。据说龙蛰伏了一个冬天，在二月二这一天起，开始苏醒，龙声怒吼，天上从这天开始也会打雷。这仅仅是人们的传说和幻想的神话，但也有自己淳朴美好的愿望在里面。

山丹民间在二月二这天还流传着剃头的习俗，一个正月的忙碌，忙着走亲串友，忙着招待客人，你来我往，一月两月的时间转眼即逝。二月二到了，一切都是万象更新的气象，人们自己也不例外，理发、洗浴，以一种全新的面貌迎接生活，不管以后如何，是坦途还是曲折的山间小路，都要一步一步走下去。这一天整理的不仅仅是面貌，还有心情，对于琐碎繁杂的日常生活，没有淡定乐观的心态，也许不能从容走完这人生之路，也许就体会不到人生的美好和乐趣。我觉得，一个平常的习惯或习俗，都有它留存的理由在里面，都是生活馈赠的经验和财富。也许认真过好每一个节日，认真过好每一天，就是我们活着的快乐。

竹前槐后清明节

>>>>>>>>

《淮南子·天文训》云:“春风后十五日,斗指乙,则清明风至。”在二十四个节气中,既是节气又是节日的只有清明。

要说清明节,须从寒食节说起。

寒食节,又称熟食节、禁烟节、冷节。它的日期,是距冬至一百零五天,也就是距清明不过一天或两天。这个节日的主要节俗就是禁火,不许生火煮食,只能吃备好的熟食、冷食,因而得名。

寒食节相传是源于春秋时代的晋国,是为了纪念晋国公子的臣子介子推。晋国公子重耳,流亡外国19年,介子维护驾跟随,立下大功,重耳返国即位,即晋文公。介子推便背着老母,躲入绵山。晋文公前往寻找,却怎么也找不到。于是他放火烧山,想把介于推逼出来。不料介子推却和母亲抱着一株大树，宁愿烧死，也不出山。晋文公伤心地下令把绵山改称介山（即山西介休县境内的介山），又下令把介子推被烧死的那一天定为寒食节，以后年年岁岁，每逢寒食节都要禁止生火，吃冷饭，以示追怀之意。

中国传统的清明节大约始于周代，已有两千五百多年的历史。后来，由于清明与寒食的日子接近，而寒食是民间禁火扫墓的日子，渐渐的，寒食与清明就合二为一了，而寒食既成为清明的别称，也成为清明时节的一个习俗，清明之日不动烟火，只吃凉的食品。

想一想，不食人间烟火，权当是做一天神仙吧。

清明时节，春天刚到，万物复苏，雨洗清秋，风吹哀愁，清明总是与雨水分不开。在我的记忆里，故乡在清明这一天或是和风细雨，或是风狂雨恣。一片湿雨，一地苍茫。

故乡本就是干旱少雨水的地方，但在清明总是要或多或少落雨，让我对清明这个节气多了敬畏与神秘的感觉。在清明前一天，家乡的妇女是要做寒食给家人吃的。有炸油泡泡，烙葱花油饼，还要挖来野菜做凉菜，野菜在我少年时候，家家都在吃，不稀罕，可现在是稀缺的东西，是上得了台面的菜。真是应了老话，三十年河东三十年河西呀。

我的母亲早早就做准备给孩子们做过清明节吃的东西了。最主要就是黄参做的油泡泡。通常母亲在头一年的秋季就准备好了做油泡泡的黄参。

故乡盛产黄参，秋季第一场霜降以后，黄参枝叶落尽，精华尽收根茎，一根根的黄参饱满而润华，整个透着一股子黄金亮气，不是人参胜似人参，更似是一位铅华洗尽，但气质内敛亭亭玉立的女子，俊秀可人。故乡人溺称它小人参。黄参不仅形体酷似人参，内涵与人参也不差上下。它营养价值极高，对于老人、小孩、孕妇和体弱之人都是大补。

清明节母亲做的油泡泡，其实在故乡也叫黄葑（故乡方言）炸巴。主料就是黄参和面粉，但做时要早早把晾干的黄参用温水泡好，再用慢火煮绵软，成泥状最好，和面粉用开水掺和好，用小勺放入烧好的油锅内炸至金黄色最好。记忆里母亲做的油泡泡外脆里嫩，绵软入口，吃过嘴里还余味香甜。放凉吃起更是香甜可口，但不能多吃，物极必反，吃多泛了胃口，以后可能就没口福吃了。

秋天到了，那大片大片的油菜地里，花开后落尽繁华，沉甸甸的籽粒归仓，母亲们就算计着耕田翻犁的日子，那时，就可以在犁沟里捡拾黄参了。忙了一秋的母亲们，这时候心情愉悦，手脚麻利，嘴巴一刻也不停留，谁家的媳妇孝敬公婆，谁家得了个大胖小子，家长里短，说过了烟消云散，没有谁记在心里。一会儿，篮子被黄参装满，相约回家，又是一路笑声。

小时候也跟着母亲去挖黄参，在没有翻耕的田地里，用一把特制的铁叉一下一下挖地，土层翻松，露出一排排整齐的黄参探头探脑，或肥或瘦，自己像收集宝贝一样把它们收进篮里，邻家大婶常称赞小小的我手巧，挖的黄参完整无损，数量又多，自己便欢天喜地，兴趣盎然了。

前几天，在超市看到有买包装精美的黄参，上面写着家乡特产，便欢天喜地地买回来，自己做了吃，也不管清明早已过去了好几天。这一天却是零零星星下着雨。

黄参

端午情怀

\>>>>>>>

端午节,插艾草,挂柳条,怎么也找不到年少时的情怀。

上街去,粽叶葱葱,米香融融,满街是粽子的影子,那个香甜的凉糕卷已是稀罕物。

好不容易找到一个买糕卷的小摊子,滋味全不是,商品的味道太浓了。

又想起小时候在家吃糕卷儿的惬意。

米,母亲早已浸泡好,因为没有上好的糯米,米要浸泡的时间很长,通常提前浸泡五到六个小时。枣子也用清水洗得干干净净。蒸糕的柴火已码放在灶头。母亲在准备做油饼的面,正把烧开的水放在敞口的水盆里放凉了,这样和的面做出的油饼才又薄又软。姐姐小心地掐着刚摘的玫瑰花的叶子,香味熏得她要睡着的样子,为了赶走瞌睡，她不时用花瓣抹一下她的嘴唇，一会就进屋去镜子前照一照，在她照镜子时，我偷着学她用花瓣抹嘴唇，却不小心吃进了嘴里，索性吃了下去，有甜甜涩涩的味道在嘴里散开，越来越浓，呛出了我的眼泪，我偷着擦眼泪，赶快跑开。

一切就绪，母亲生火。大铁锅里放了一半的水，水里面放一个芨芨草编好的草筐，是去年父亲编的，放在刚刚立夏的阳光下晒了一个晌午，早上母亲让我取进屋子的时候，我闻到了青草的味道，又像是青麦烧熟的味道，我使劲嗅嗅鼻子，确定我的想法并告诉母亲，母亲却说是米的香味，米的清香。家乡不产稻子，我们用粮食换来金贵的米，除了过年的时候家里来客人做米饭，再就是端午节蒸糕用了。

糕卷儿

米在我的记忆里是奢侈的,米的味道对少时的我是陌生的。

母亲把浸泡好的糯米在筐底铺一层,上面铺一层红枣,枣上面要放零星的玫瑰花叶子,然后再放一层米,一层枣,撒几瓣玫瑰花叶。一层一层,母亲做的专心致志,我看的枣红米白,色泽鲜明。这个情景在我的记忆里存放了好久,直到现在,这两种色彩于我,看起来都很温馨,有家居的味道。

最后是关键的一道工序,母亲在锅上放一个麦草编扎的草圈,然后才盖好锅盖,锅盖上一定放两个青白颜色的石头。火候必须母亲掌握,这时候母亲就自己拉起了风匣,一下一下的,节奏感很强。就在我听着快要睡着的时候,出嫁了的姐姐们回来了,她们几个进门就开始抢着拉风匣,本来很有节奏感的声音被她们扰得断断续续。母亲就不让她们拉了,说要让火歇一会,慢火焖糕更绵软也更有余味。

相传端午这天五毒俱出,刚出嫁的女子端午这天必须回到娘家,为的是驱邪避毒。明沈榜《宛署杂记》说:“五月女儿节,系端午索,戴艾叶,五毒灵符。宛俗自五月初一至初五日,饰小闺女,尽态极妍。出嫁女亦各归宁。因呼为女儿节。”端午节也被叫做“女儿节”。“躲端午”的习俗在家乡一直流传,现在亦如此。还有好多习俗,如喝雄黄酒,戴香囊,插艾叶等都或多或少流传了下来。

姐姐们,刚出嫁的,出嫁好几年的,在端午这天都要回来躲端午,看了父母,随了风俗,姐妹几个还热热闹闹聊了家常,互诉想念之情。我这个最小的妹妹,在这天也享尽了姐姐们的溺爱。她送我一双鞋子,你织给我围巾手套,手巧的三姐姐用她的绵绸围巾给我改做了一条百褶裙,让我在同学面前美足了整整一个夏天。

姐姐们一边帮母亲炸卷糕的油饼,一边和母亲说话。三姐说孩子身上出水痘了,婆婆不让带孩子出门,母亲就说是不能让出门,出门风吹着会让孩子更难受,明儿赶紧回去照看孩子,你婆婆身体不是很好。对门邻居家的姐姐挺着个大肚子和我刚出嫁的姐姐头对头咬着私房话，怕我和我的小姐姐听见，不时看我们是不是在偷听。我还是听见了，我说她们说要把你嫁出去呢，小姐姐便追着打我。

姐妹们闹够了，母亲的糕也蒸好了。刚蒸好的糕散发着一股甜甜的香味，母亲用木勺把里面的枣子挤开，和米掺匀了，等炸好的油饼放凉了，就把糕摊开在油饼上，轻轻卷起来。透过薄薄的油饼，我看到里面的米白枣红，整个屋子都飘散着甜丝丝的香，是玫瑰的香还是枣香，我直到今天也分不清。

那时候，端午节邻里之间是要互送糕卷的，尝尝各家滋味，邻里和睦相处更是自然。不像现在，尽管糕也很甜，粽子花样品种千变万化，但是住在同一楼层的邻居，却老死不相往来。

现在，端午节再也吃不到母亲做的糕卷了，自己也懒得做，只能上街买几个回来，看着亲切，却吃不出滋味。

看到商店各式各样的粽子，想到失缺真味的糕卷，就怀念少时无忧无虑的童年，那时简单的日子，简单生活的快乐，与今天的我们是一种奢侈。

今天要想过简单的生活，我们就要忍痛割爱，抛弃许多我们自以为是的幸福，那样的勇气，没有真诚的爱心和勇气是做不到的。

做一个简单的人其实很难很难，就像枣红米白的糕卷，看似简单，做起来也要真情真意，颇费一番工夫才好吃。

中秋月饼

\>>>>>>>

月光光，照谷场。谷场上，农人忙。

故乡麦子还没收仓，八月十五随着就到了。在孩提时候，我就兴高采烈地想，又可以吃到白面做的千层饼了。

在三十年前的故乡，说是白面千层饼，其实也是一层白面夹着一层的黑面，但对于天天吃着青稞面的我们来说，能吃到白面夹杂着黑面的千层饼已是很奢侈的事。

故乡在中秋节临近时，天气已凉下来，每天早晨草原上的青草叶子上都露珠点点，整个草甸都透着湿漉漉的气息，麦子的香味飘散在田野，花香就已淡了。养了一个夏季，膘肥体壮的马驹，浑身都闪着光，在父亲温和的目光里悠闲地吃草。母亲刷刷割草的镰刀声铿锵有力，家里的母羊一个接一个的产羔，母亲高兴得浑身有使不完的力气，昨天和父亲商量着，中秋节要宰了我家的芦花大公鸡，让全家过节吃。我可不爱吃鸡的肉，鸡皮疙疙瘩瘩的，看着都难受，何况要吃。再说大公鸡每天叫我早早起床上学校，我可不愿它让我们吃了，那样我上学就要迟到的。所以，我早早起来就偷偷把大公鸡放出鸡圈了，让它在广阔的草甸上去寻找自由。

可我家的大公鸡从此却再也没回家。那天晚饭时满村都飘着香气，可母亲却说不知道是谁家吃了我家的芦花大公鸡。她在飘着香气人家的门口徘徊很久，却还是没有找到我家的大公鸡。

八月十五的千层月饼

其实，我最爱吃的是中秋节母亲做的月饼，母亲做的月饼除了家家都做的千层饼，还有一种很特别的，在我记忆里只有母亲一个人会做，邻居和亲戚都照母亲的样子学着做，可还要请母亲去指教他们，母亲不在了，只有我的三姐姐偶尔做过一次，我再也没见到谁做过。可我一直认为母亲做的那种很特别的月饼就是家乡的中秋月饼，只是遗憾我没有学会做。

母亲用面捏出各式各样的动物面食，用平地铁锅烙熟，一个个金黄闪亮，栩栩如生。母亲还做出圆圆的月亮，月亮里面没有嫦娥玉兔，而是中国结图案，我一直不知道母亲怎么会把月饼做成中国结的样子，也许是母亲祈求一种节日的吉祥吧。我跟着母亲在灶房里来来回回，有点迫不及待样子，母亲很快把烙熟的各种动物饼用线绳连起来，一个饼隔着连一个大红枣或是叫楸子的水果，红黄相间的项圈挂在我的脖子上，我舍不得吃，光顾着好看，可我后面看不到的早让一起的玩伴偷吃了，我哭着回家让母亲给我补齐缺了的动物，当下就又有了欢喜的模样。面在母亲的手里千变万化，我至今记得我童年的梦也是千变万化，异常丰富。

如今的中秋节。月饼看起来花样各式各样，吃起来也是一个味道。咸味的，甜味的，芝麻的，豆沙的，果味的，五仁的，琳琅满目。天南海北的都有，让我们的味觉视觉都多了许多的享受。但我还是遗憾不能够再吃到童年时母亲做的月饼。那些童年记忆梦幻般一遍遍走过我的脑海，我在每一个中秋夜，看着月亮，想着我的母亲，看到月亮上满是清凉的泪水。

这时候的我，也已是泪流满面。

浓浓的腊八粥

>>>>>>>

腊月一到，年味就很浓了。腊八这一天，家家都要熬稠稠的粥。现如今做腊八粥很讲究，用大米、豆、红枣、白果、莲子、葡萄干、杏干、瓜干、核桃仁、青红丝、白糖、肉丁等煮成。粥煮好后，除留家人吃外，还要分送给邻里之间，还要用来敬门神、灶神、土神、财神，祈求来年风调雨顺，五谷丰登，用来祭祀的粥要留着一点来喂家畜。我不知道留下来的这个习惯是为什么，只记得那个粥香就飘荡在整个腊月的晴空里，吸一口，满鼻的香气。

在家乡，腊八这天也有很多的讲究。我只记得这一天我和姐姐要去河滩的冰上碾“麦稔”，其实就是和现在的麦片差不多，不过现在的麦片还附加了其他成分，而麦稔是纯天然的绿色食品。整个正月我们都要喝“麦稔”煮的汤。老人们都说腊八这天的冰很干净，在冰上碾好的麦稔也是又香又甜，煮的汤也比往日的更浓更香甜。我们的腊八粥主要是用麦稔熬的粥，其他的成分只是一点点而已。

常常是在午饭后，我和最小的姐姐去冻冰的河床上碾“麦稔”，这时候我们两个往往要吵好久才能出门，我要带滑冰的冰车才走，而我的姐姐一次又一次从我手里抢下冰车，直到我哭起来，母亲从屋里走出来，从姐姐手里拿过冰车递在我手里，我便飞快地出门，滑冰的楔子忘拿了，但姐姐准给我拿上，得到的条件是我要在姐姐打好的冰窝窝里杵一百下石杵头，她才允许我玩一会会，她叫我的时候我必须立即滑到她跟前，母亲不在跟前，她就是大人，就是家长，我如果溜出去好远装做听不见她在叫我，晚上邻村看电影她就不带我去，一想到邻村放我爱看的电影《小兵张嘎》，我就对姐姐是百依百顺。

“麦稔”碾好了，我还舍不得走，捂着通红的脸和手在河滩的冰上溜来溜去，直到姐姐又一次拿看电影的事威胁我，我才不情愿地跟着姐姐回家，这时候往往已是夕阳西下，冬天的落日圆而且大，夕阳的光线柔和而不刺眼，像铜盘挂在灰蒙蒙的天边，四周只有唧唧喳喳的麻雀声，村头老树上的喜鹊偶尔“喳喳”叫几声，姐姐说快走，家里来亲戚了，我不信，依旧慢腾腾地走，我家亲戚不多，哪能天天来。可这次姐姐说对了，家里的确来人了，是给姐姐提亲的媒婆，母亲让我们叫赵姨娘，我用蚊子样的声音咕哝一声就飞快出门去玩了，我姐姐两颊绯红早躲到了邻居家，我知道她的心里是甜丝丝的，那个赵姨娘说的是她心仪的人，在邻村看电影我见过的那个小伙子。

赵姨娘走时天已全黑，母亲用我们新碾的“麦稔”款待她，满屋子飘着麦子的清香，我的姐姐还没回来，我饿极了，飞快喝完母亲煮的麦稔汤，汤里罕见的躺着几颗红枣，母亲不让我吃完，特意

腊八粥

留两颗让姐姐回来吃。

第二年的腊八节，姐姐已成了别人家的媳妇，可母亲还是提了一袋子碾好的麦稔送去。是母亲自己碾的。回来时带回一小袋大米，我吃着我爱吃的米饭，一点也高兴不起来，姐姐出嫁了，再没有人让我陪着去碾麦稔，去溜冰。没有人陪着我去看电影了，我怅然若失。

渐渐已长大，家乡的小河清瘦了许多，再也没见到过宽阔光滑的冰河床，腊八粥一年又一年地熬，有时会失了真味。超市买来的麦稔不再清香，后来懒惰了，索性买了成品的粥一热就吃，儿子吃腻了，喝腊八粥那天，他问我，妈妈，所有的腊八粥是一个味吗？我语塞，想起故乡不一样的粥味，心里有了丝丝的失落。朋友的短信替我解了围：送你一份特制腊八饭，成分：真心、思念、快乐。营养：温馨、幸福。制造商：你的朋友。有效期：一生。我拿给儿子看，他大声说：骗人！哪有这样的粥。！

青稞面搓搓

青稞碾馔

>>>>>>>

七八十年代故乡种青稞是家家户户的主要农活。秋收时,天气已凉下来了。有时,青稞还长在地里,麦芒上就已挂了一层白霜。麦场上一个一个的麦垛挨在一起,像要把瑟瑟的秋风挡回去。寒露都过了,还在打青稞。那个秋收,是个漫长的过程。不管怎样,孩子们还是依旧快乐无比,我们头顶着豆花,在麦垛间串来串去,玩躲猫猫,不尽心不回家。

母亲没有时间也没有精力唤我们回家。秋收已使她筋疲力尽。不过遇着天阴下雨的,她却不好好休息,事实上她也没法好好休息,要给我们做鞋子,补衣服。我们还要吵闹着吃这吃那的。最爱吃的就是青稞碾馔,根本不管母亲的劳累,母亲只好做给我们,虽然那个过程很复杂。

我们就到麦垛场上，拣来没有黄透泛着青色的青稞麦头，扎成束。帮着母亲拉灶火的风匣，青稞在蒸笼里热气腾腾，不一会就蒸熟了。剩下的事母亲一个人忙里忙外的，我们就等着大快朵颐。

其实青稞在地里长到鹅黄色扎芒儿的时候，颗粒饱满，做成碾糁更好吃。我们是吃了一次还想吃，母亲拗不过只好在青稞都黄了，还想法给我们做。如今我是几年难得吃到。但时时都在想，想母亲做碾糁时的情景。

青稞碾糁是一种传统的美食，家家都做。青稞已将成熟，颜色在青黄之间，将其穗楸下来，扎束放锅里蒸熟，趁热搓揉，脱去穗壳，用簸箕簸去麦芒，成为青稞仁。用石磨碾成二三寸长串的细捻，呈黄绿色，拌进加热的清油炝蒜放盐、葱花、青菜、黄瓜等。入口松软柔韧，清香扑鼻，爽口可意。这是一年中只能吃一次的稀罕食品。原本是旧时农民青黄不接时急不可待的接济食物，现在却是很稀罕的东西。因青稞易倒伏产量低，现在农村种的少了，青稞碾糁子成为一种尝鲜食品，吃起来也别具地方特色。

秋天去婆婆那里，在屋檐下看到一个手摇石磨静静立在墙角，上面隐隐有青色的植物斑迹。石磨底部有泥土的碎屑。我诧异，好久不见的石磨还在啊？屋里一股蒜的清香迎面扑来，进屋看见桌上赫然放着一盘做好的碾糁，散出诱人的光泽。我有点欣喜若狂，但表面忍着。儿子已用手抓起，塞进嘴巴吃起来，他嚷嚷道，奶奶你做的这个菜好吃，我要天天吃。

婆婆笑道，你要累死你爷爷，他都摇不动石磨了，这是花了一天的功夫才做好的。你吃吧，尽情地吃，灶房还多着呢。老公知道我爱吃，有点揶揄地说，这次你可是逮着了！不管他怎么说，我还是很香甜地吃着。

米黄儿

米黄儿

\>>>>>>>

儿子爱吃米黄儿，可我不会做。母亲也没教给我怎么做，想想也许是她也不会做吧。我只好买来给儿子吃。

时间久了，我想把米黄儿的制作方法写下来，这么好吃的东西别遗失了，那多可惜。自己不会做，只好去请教别人。

我去了常光顾的那个小摊位。我说我常买你的米黄，她说不记得了，常买她米黄的人很多。我这次买了很多，送了我年老牙齿不太好的大姐。第二天去，我说，我昨天买了你米黄，好吃，今天再买一点，她说记得。麻利地给我装袋，我说我要热的，现做的，她说等一会，说话的工夫就好了。付了钱看我还不走她狐疑地看我，我说，你能告诉我米黄儿怎么做吗？她说不能。我说，我不是要抢你生意。她说谁知道呢，你给你亲戚抢呢。我说真不是，我怕米黄儿的做法如果失传了，以后怎么办。她说以后的事不用你管，我奶奶的奶奶就会做，我家的女儿也会做。你别担心。无奈而归。

好几次儿子想吃，我都不好意思带儿子去吃。我怕人家摊主说我“图谋不轨”。一次儿子闹着要吃，实在没法，我说我们去对面摊位去吃吧。我走过去时听到有人“嗨------嗨”大声叫，我顺声望去，是那个卖米黄儿摊主，她说叫你哩，你来！

我疑惑地走过去，她一把抓住我说，我告诉你米黄怎么做。真的，我女儿说我太小气了，应该告诉你。女儿写了做法给你，你看。她快速递给我一张有花纹的稿纸，上面有蓝色的字迹。我的思维快速转动，但还是迟钝。想不清那是怎样的一个女孩子，她以怎么样的语气给她妈妈说这些话的。她专注地写下这些文字时，在想什么呢？她不怕有人抢她家的

烙米黄

生意吗？我诚惶诚恐地接过来装进包里，她说你不看吗？我来回带了好长时间了，纸都快皱烂了。我说我回去细细看，她笑了说，我那天跟你开玩笑呢，哪里知道你好久都避着不来了。我尴尬起来，赶忙把儿子带过来，说，这不来了，儿子特爱吃的。走时她硬要送几个油糕给儿子吃，我更不好意思了。心里还想着那个女孩子写得文字，就急急带儿子回家。展开一看：

阿姨你好！我妈妈没见识，你别怪她。她不告诉你，我告诉你，很简单的，地球人都会做。用黄料或小米粉做，黄米做出来的更好吃。先将磨细的米粉加适量的60度左右的开水搅成糊状，这个糊糊要掌握水的比例，大概是1:1的比例。将平底砂锅用慢火加热、抹油，这个锅要特制的，锅底要厚。待油热香味溢出来时，将米糊糊均匀地摊在锅里，在文火上烙三到五分钟就好。撒上糖更好吃，黄亮，松软，香中透甜，谁都爱吃。你一看就会做的。不过，我妈妈她是刀子嘴豆腐心，她人好。

我脑海里显现出一个伏案写字的女孩子，字写得中规中矩，但很清晰有力。她一般都是在厨房写作业，写字的瞬间，还要到看着炉灶上的水开了没有。作业写完，还要替妈妈准备晚饭，拣菜、洗菜，一切准备停当，她就静静地看书，等候爸爸妈妈回来。有时看书不行，弟弟回来了，这个姐姐此刻耐心地替贪玩的弟弟洗脸洗手。在灯光下，她轻声轻语地给弟弟讲故事，小男孩快要睡着的样子。

一家人也有热热闹闹的时候，天气不好不出摊，妈妈就千方百计做好吃的，一家人也其乐融融。

现在，每次去买女孩家的米黄儿时，我都要问问女孩的情况，她妈妈笑眯眯地说，丫头很懂事的。我亦开心笑笑。

冬至谣

>>>>>>>

这天下午，我本打算买灰碱面的，当看到压面房里晕晕的灯光下那相对而坐干活的夫妇时我的主意就改变了。

当时，我突然觉得天气不再寒冷，灯光也不再微弱了。相反，觉得那本来昏暗的灯光是那样的温暖。女的在木梳上一下一下搓着“牛犊子”面，灯光里，随着她手里木梳的转动，一个个饱满圆润的“牛犊子”滑落在案板上，掺杂着零星的捏“耳朵”。她是那样的专注，全身心地做着这一件事。男的也在案板上做其他的面，有方块，有箭头，还有用筷子捣的“牛蹄窝窝”，他像小孩子一样快乐地捣着，还有节律地晃动着头。看我进来，男的抬头看我，眼里是笑意，却不说话。他们是对年轻夫妇，面粉的尘埃让他俩的脸看起来朦朦胧胧，但掩饰不了他们的年轻。

我静静看着，不急着说话，心里想起明天就是冬至了，他们在做冬至的“牛犊子”。有和我一样忘记冬至的人吗？他们的记忆会让谁打开呢？

我买了这对年轻夫妇做的“牛犊子”，离开他们，在门外的玻璃窗看到他们相视笑着，谈论着，是我刚刚打破了他们的安静。他们在谈论冬至吗，还是谈论更让他们幸福的事。

外面很冷，明天更冷，因为明天是冬至。在记忆里一直有冬至吃“牛犊子”饭的习俗，可我却发现史料上少有记载。家乡还流传一个习俗，冬至的前一天晚上，村子里人们要敲锣打鼓，挨家逐户去“讨要”面粉或粮食。尽管过去生活困难，每家每户都会把做好的“牛犊子”，“捏耳朵”等面食奉献一些，有大方人家还会给上些肉和菜。当然也有一些小气人家听到锣鼓声忙熄了灯装作不在家的样子，但住在一个村子里谁不知道谁家的情况呢。于是锣鼓敲得更响亮，大伙“要要牛犊子”的吆喝声更加起劲，这些小气鬼不得不装作刚被吵醒的样子，故意衣衫不整、头发散乱地出来送上一些面食。现在不一样了，大多数人家会大方地拿出五十元或一百元的票子给这些敲锣打鼓的“讨要者”，还会互道祝福。及至讨要结束，就到深夜了。大伙会来到事先说定的大户人家把讨要来的面和肉做成大锅饭吃。这个冬至习俗被乡亲们完整地保存了下来，它里面凝聚着乡亲们美好的愿望，是一个为自己和家人祈福驱邪，祝福来年风调雨顺、五谷丰登的重要节日，所谓冬至大似年。

老北京有“冬至馄饨夏至面”，汉代流传下来冬至吃狗肉进补的习惯，南方有吃赤豆糯米饭的习俗，都有记载。我们的“牛犊子”饭怎么没有流传开来呢，这么好的饭，可惜了。一路唏嘘着，手里拎着一大袋“牛犊子”，足够全家吃三顿。

走在回家的路上，还在想着面房里的那对在灯光里劳作的夫妇,他们在辛勤劳作时无意中享受了生活的安宁。那个画面,其实在我的脑海里储存了好久,在我快要淡忘的时候,它却那样清晰真实地再现了,让我感动,让我温暖。

回到家里,孩子在写作业。我说要给他做“牛犊子”饭,他高兴地跳起来,我不知道吃什么都不香的孩子,怎么会和小时候的我们一样,听着吃“牛犊子”饭会蹦起来。

那时的我们,在冬至的前一天晚上就一直兴奋着,男孩子会欢天喜地跟着大人去敲锣打鼓,没有鼓就敲脸盆和水桶,高声叫喊着。女娃娃帮着家里大人搓“牛犊子”,捏“耳朵”,双手沾满面粉,脸也是个面蛋蛋,会羞涩地偷着乐,心里想着美滋滋的“牛犊子”饭。一直忙到晚上,母亲才会煮肉汤。我们就枕着丝丝的香气入睡,梦里都会流出哈喇子。

第二天刚一睁眼,母亲就变戏法一样端出香气满溢的一碗“牛犊子”饭,以最快的速度吃完,才想起碗里是什么?怎么会那么香,都没顾得上看,就把一碗饭吃完了。转而一想,母亲是把昨晚煮的肉和汤全放了进去,要不饭怎么会这样香。

这个香气一直存在记忆里,弥漫整个童年。长大了,记忆却永远停留在了童年,让我留恋不已。留在记忆里的还有那个冬至的歌谣:一九二九不出手,三九四九冰上走,五九六九沿河望柳,七九河开,八九雁来,九九加一九,耕牛遍地走。

冬至的歌谣一直唱到现在,冬至也一直温馨着我的记忆。

扁豆面

扁豆面

>>>>>>>

饭因豆而得名,豆因产量少而珍贵,却也是家乡老百姓的家常便饭。

据说扁豆在新石器时代就种植栽培,不知彼时与现在的扁豆有何不同,但直到如今扁豆的产量还很低,说明成长的不易。

种植扁豆,多在四月。扁豆生长喜温暖干燥气候,耐旱性强但不耐湿。

老百姓种扁豆,多选不易利用的贫瘠边角地,最好是沙砾地,人工种植,用机械播种完大片的地,再顺手种瓜点豆,也是辛劳之余的一点小情趣。

记得四月春雨零零星星下了好几场,青苗已是郁郁葱葱。婆婆便挎着篮子不急不缓去点豆,先用铁锨去翻地,露出土地的湿气,用耙犁耧出竖行，在行里随意撒好豆种，看起来随意，其实早已掌握适当，种粒之间确实很均匀，最后用耙耙顺平缝隙，用铁锨轻轻拍平地面，豆已种好，便不再理会。不经意哪天又下了一场雨，等到再去看时，豆芽已袅袅露出青芽，不知道哪天又开出了紫白相间的碎花，就那么静静的开着，也许没人再理会它。等到其他庄稼收拾停当，都已颗粒归仓，豆荚却是棱棱饱满，绿意浓浓的挂满枝头，它成熟时，还得一月。成熟的扁豆种子，为扁椭圆形或卵圆形，长约8mm—12mm，宽6mm—9mm，厚4mm—7mm，扁豆颜色为黄白色或花褐色，饱满色泽白亮者为佳。

扁豆的吃法很多，家乡人最喜欢吃得就是清炒扁豆芽和清香可口的扁豆面。农家夏日里消暑，家家都喜欢吃的还是扁豆面。

扁豆的营养成分相当丰富，包括蛋白质、脂肪、糖类、钙、磷、铁及食物纤维、维A原、维生素B1、维生素B2、维C和氰甙、酪氨酸酶等，扁豆衣的B族维生素含量特别丰富。此外，还有磷脂、蔗糖、葡萄糖。另外扁豆中还含有血球凝集素，这是一种蛋白质类物质，可增加脱氧核糖核酸和核糖核酸的合成，抑制免疫反应和白细胞与淋巴细胞的移动，故能激活肿瘤病人的淋巴细胞产生淋巴毒素，对肌体细胞有非特异性的伤害作用，故有显著的消退肿瘤的作用。肿瘤患者宜常吃扁豆，有一定的辅助食疗功效。扁豆气清香而不串，性温和而色微黄，与脾性最合，最宜妇女脾虚、小儿消化不良及饮食不香之人服食。

做扁豆面时，烹调扁豆之前不需要浸泡，这样营养容易流失，只需用凉水冲洗一下就可以在水里慢慢用文火煮熟。

煮扁豆时，把拣干净的扁豆在凉水里冲洗一下，再放铁锅里炒熟，然后加开水，如放凉水会使扁豆煮起来费时，不容易煮烂。为了使扁豆熟得快，加适量的碱，这样煮出的扁豆还有了酱红色泽，透着清亮酱色的面汤很吸引人的口味。现在人贪图方便，煮好大大的一锅，放冰箱里，吃时拿出少许兑汤下面即可。

做扁豆面，面也是主要的，上好的精面，放合适的食盐，面要和的稍硬一点，这样擀出来的面滑实，切起来也很自如，多切菱形，也有切香头面的，或切雀舌形的，花样也很多。

把面下入汤里，面要下的不多不少合适，但面一定要煮得绵软，这样面和汤融合成糊状，然后里面放入葱花和韭菜，起锅后用加热的熟油炝一下，喝着糊糊的面汤，闻着香香的豆味，还有炝入的葱花香味，三香扑鼻，再加上红汤白面翠绿的葱花和韭菜的相间的色泽，食欲大增，胃口不得不开。农家有时会放入一种叫“羊胡子花”的野花。不知它的学名叫什么，因它形似倒长着的山羊胡须而起名。在夏季干旱的荒滩上盛开着大片的淡紫色的小花，一簇簇，满山遍野都是，手勤的牧羊人采回来揉碎晾干，做扁豆面时放入，也用熟油炝一下，那种香气比起葱香独特而韵味悠长。你也许在街面上就能闻到它散发出得奇香，真正别有风味。

如今的各个大酒店，也都请了专门的面师傅做扁豆面给客人吃，人们吃腻了山珍海味，竟然钟爱起这淳朴的家常便饭，扁豆面的清香也是愈传愈远，扁豆面成了真真的家常便饭，简单、清纯，人人都爱。

揪面片

>>>>>>>>

“两个桃花揪面片”。是作家张承志的一篇散文,说两女子揪面片的场景。揪面片本是西北人家的家常便饭,但把揪面片的女子喻为桃花,顿时有了生活的情趣。

两个芳龄少女含羞带笑，是给当时下乡体验生活的作家做着家常的晚饭,她俩一边做饭,一边还要拌嘴打趣，这揪片面就有了内涵和深意,农家的生活情趣跃然而显。这是一个温馨的农家生活场景,虽清苦但也有少许生活的甜蜜。没有作者这样传神的描写，我们轻易感受不到生活中平常事情的美好和温馨。这碗揪面片想来作家也吃得春意盎然。看着这篇文字,我就想吃家乡的揪面片。

揪面片在家乡是人人会做的家常饭，不用

言语，想吃就做。所谓家常味道，就是你心底里永远无法忘却的，最适合自己的味道，是家的味道。吃了这碗家常揪片子，你就像是在自己家里，这是最家常的暖意与熨帖。

西北人爱吃面，不吃面就会觉得哪里不舒服，尤其在寒冷的冬天，一碗热腾腾的揪片面，抵得过窗外的数九寒天。

旅途归来，或是身体不适之时，家人一句："我给你下碗面"，平常的一句话，轻声细语，说这句话的人，也许是父母，也许是爱人，也许是朋友，不管是谁，这句话却是最暖心暖肺的一句话，所有的关爱和心疼都在这句话里了。

面也下得妥妥帖帖，透着柔软的韧劲儿，刚刚合适的面片儿汤，宽着点儿，碗里点儿滴香醋，散发出氤氲的热气儿端在了你面前，这碗面带着家的随性、暖意与舒服，于胃于心，都是极好的慰藉，也许这碗面会让你一生魂牵梦萦。

做这样一碗鲜香滋润，味美而养人的揪片面，也要有爱心、手巧的人来做的。

揪面片

面要和的不软不硬，反复揉，揉出面的光泽和劲道，然后切拇指宽的长条饧在盆里备用。

佐料有很多，因条件和环境而不同，我们大多用西红柿炒成酱做汤料，里面打散鸡蛋，放入葱花、姜汁、韭菜等。

最好吃的还是羊肉揪片子，也是家乡的特色小吃。羊肉营养丰富、性热、味甘，是具有滋补功能的好食物。配料有土豆、野蘑菇、木耳、蒜片、葱花、姜汁等，用羊肉丁、土豆和其他配料一起炖好汤料，炖汤时放入辣椒、花椒、胡椒、食盐等佐料，汤炖好后加入四倍多的水，待水开后，就可揪面片了。

揪面片时，用两个手的大拇指捏扁一指宽的面条，然后捋得长而且薄宽适中，揪成指甲盖长短的片扔进滚烫的锅里，下面速度要快，以防面煮过了头。揪面片的高手，面不沾手，而面片像自己长了眼睛纷纷飞入热气腾腾的锅里，真像一群飞舞的蝴蝶。

看着这入眼的下面场景，吃着面精汤清，色味俱全的揪片面，你不觉得身心欢愉、神清气爽都很难。

糊饽

>>>>>>>

糊饽是山丹腊月里最特别的美食，早早做好配料，吃起来很方便。

民间有“宁吃一盘糊饽，不吃酒席一桌”俗谚。它是一道大众美食。糊饽是将已做好的“油棒子”烩入汤中，在汤中还要放入其他配料，如豆腐、粉条、土豆片、豆芽、西红柿酱、大葱、蒜、姜末等，这是素食，也可把牛羊肉切丁炒熟，或加入高汤，荤素搭配，也很美味。

最关键的是“油棒子”也称“麻花”的制作。炸“油棒子”的面很讲究，要发酵好的发面和“死”面[①]按1:2的比例兑在一起才合适，两样面要完全糅和在一起，不分彼此，使面软硬适中，阴阳和谐，这样的面有了韧劲和弹性，但与饧面的

①不掺入发酵粉，用凉水和的面

弹性又不同，它因糅合了发面的柔性而变得松软，炸出的“油棒子”也是酥软可口。做“油棒子”的面揉适中后，还要多次揉均、搓成长条切出小剂子、盖湿布再饧10分钟。饧成大小一样的面剂子，将饧好的面剂子均匀的搓成细长条、两头向不同方向搓上劲、合并两头捏紧。再重复一次、做成麻花生坯。依次做好所有的麻花生坯。下入烧热油锅内，在2成热的油温中炸至8–9分钟、颜色金黄即可捞出。这样“油棒子”就做好了。糊饽的“主心骨”有了，就等着一大堆得配料来帮衬了。

人做事，一个好汉三个帮，做饭也是，再好的美食，少不了小小配料，哪怕一味调料，也有神奇的效果，加入就立马鲜美极了，缺一不可。

做好这一道美食，发面也是关键，面发得好，炸出来的“油棒子”很酥软，泡在汤里，也很柔韧，不会硬得咬不动。学来几招发面的小窍门和大家分享：发面时，如果面似发非发，可在面团中间挖个小坑，倒进两小杯白酒，十分钟后，面就神奇地发好了。发面时放一点蜂蜜，每500克面粉放15—20克蜂蜜，这样发出的面松软清香，入口回甜。冬天气温低，发面需要的时间较长，为了节省时间让面发得快一点，可以在面里放点白糖。还有一种方法也是让面发的快一点，就是加盐，这样你就不怕分不清盐和糖了，放了盐也可，放了糖也无妨。这样发好的面做的“油棒子”定是好吃。

现在山丹县城常见到有一丰田小货车，拉着一车码放整齐的麻花，像是批量生产的，都长着一个模样。天天沿街叫卖，说是天津大麻花，样子看着好，吃起来味道却不合口，不知是不合我一个人的口，还是大家都不合口味。总之，还是喜欢自己做的。

每年腊月里炸糖花子、油馃子时，母亲最后定会留一点发面用来炸油棒子，年年如此，不会忘记的。说起来朋友家和婆婆家也是如此，看来家家都爱吃糊饽，这道美食流传下来也肯定缘于好吃、爱吃。

剪鱼子

剪鱼面

>>>>>>>

一个地方的面食也和一个地方的人一样，因为地理环境、风土人情的不同而形色各异。不然哪有一方水土养育一方人之说。

山丹剪鱼面，形似张掖搓鱼子，但二者又有二者的区别，一个是手搓而成，一个是剪刀剪成，都状似梭子鱼形，均匀滑实而深得人们喜爱。

剪鱼子的功夫还是在和面。和面还是关键，不能太软，软了不成形，不好剪。硬了也不好操作，面下锅后不易煮烂。面和适当后，捏起来不软不硬，看起来均匀滋润，再把面分成大小不等的块，然后把每一块捏成扁圆形，一手拿面，一手用剪刀，拿面的手不停地转动，手不断地动，剪刀也要不停地剪，在“嚓”“嚓”声中，剪鱼子像一群鱼仔浮游在锅里，随着沸腾的一锅水上下跳跃。我想把剪鱼面叫做“鲤鱼跳龙门”最好，在孩子们考上大学的谢师宴上，点这一道美食，既有蕴意，又经济实惠。

剪鱼面剪好后下锅捞出，用开水汆一下，干拌吃也成，也可炝锅下汤面吃。

炝锅又有好多配料，肉丁、土豆加蘑菇、豆腐加粉条、西红柿鸡蛋加木耳等等，爱吃的好吃的，尽可往锅里炒。炒也不是简简单单地炒，与和面一个道理，要有巧媳妇的用心和细致在里面，还要掌握合适的火候，配料得当，炒菜就香。

能干的媳妇人人夸奖。山丹民间有新媳妇进门当天要“交代锅上”的习俗，在婆家专门有一能说会道的人（或婆婆）领着新媳妇在厨房里转一圈，到哪里，就应景顺口编词，教导新媳妇要孝敬公婆，手勤能干，善待丈夫，夫妻恩爱。娘家陪着的嫂子或姐妹也要巧嘴应对。双双都是一语双关，舌如弹簧。如遇

剪鱼面

到婆家或娘家的一方木讷不善言辞，往往会觉得失了颜面。因而早早就有人教导新娘子对答或是陪着去的人一定要伶牙俐齿，不要让新人刚刚进门就受了委屈。现在的80后、90后的年轻人没有一个能受委屈的，只有享受的份儿。不过这个习俗还是有的，因话语对仗，诙谐有趣，也为喜事增添了喜庆和热闹。我想每一位心灵手巧的新媳妇不仅会做喜庆的饭食，包饺子或做长面是行家，但会做家常的饭菜才是会过日子，她一定也会做那热热闹闹一锅的剪鱼子，剪得欢快，剪得得心应手。

山丹南湖公园西门对面曾有一家叫“蒙汉餐厅”的饭馆，饭馆的“羊肉汤剪鱼子”曾红极一时，成了饭店的招牌，客人源源不断，大多是奔着“羊肉剪鱼子”而去，后来饭店换了老板，剪鱼子也失去了真味，现在竟慢慢销声匿迹了。

想想那时的热闹，还是意犹未尽。不管是中午还是下午，人们大大小小一家人，或是朋友一大群，相约着去吃一碗羊肉剪鱼子，竟成了时兴，兴致高的还会要一盘手抓羊肉，配着几碟凉菜，来上一壶青稞酒，边吃边聊，吃的红光满面，乐意融融。也有单个去的，像我，因中午不能回家，午饭天天都是一碗羊肉剪鱼子，但是久吃不腻。现在想来，一味对口的美食，也是可遇而不可求的。

喜爱一味美食，也是缘分。吃得合口味，也是及不容易的事，那么多美食引诱着你，但不是每一道都适合你的胃，中医说胃以喜为补，你的胃喜酸还是喜甜，喜欢吃肉还是喜欢吃蔬菜。但是喜欢是喜欢，什么时候能吃什么时候不能吃，吃多吃少，胃和人一样，是有脾性的，你也要摸清它的脾气，搞懂它的喜恶，只要很享受的去吃喜欢的东西就是养元固本。

民以食为天，我们离不开一日三餐，而这三餐又离不开胃，《黄帝内经》里讲五脏都禀气于胃，所以说胃是五脏之本也，又因为气血的来源是饮食水谷，所以这胃又是气血生化之源，五脏之本，水谷之海，气血之源，这方方面面的分量都不轻，所以懂得养生的人是一定不能忽视它的。

吃你喜欢的食物就是养生，养生在吃吃喝喝间，岂不快乐似神仙。但这个胃到底喜欢吃什么？不是你自己喜欢吃什么就吃什么，要按着节气走，春养肝要多吃绿色的食物，像野菜类就很好，我们家乡的野菜很多，做起来也简单。但春天从味道上说要多吃点甜的，少吃点酸的。

番茄、红豆、西瓜、草莓一类食物在夏季食用，夏天天气炎热，所以人体的阳气都被调动到体表，是盛于外而虚于内的情况，所以不要以为天热就多吃各种冷饮，其实这是你的胃最怕的，往往夏天上，因吃凉食导致的腹泻、痢疾最多，要注意，那这时胃喜欢什么呢？像小米、大麦、玉米、绿叶菜、瓜果等各种食物，少些辛辣，过甜、过咸或者过于油腻。

大暑到白露，就到了一年中脾胃工作压力最大的时候，因为这是天气闷热潮湿，脾胃的负担很重，所以很多人一到这会儿，就没有胃口，越是脾胃虚，越吃很多的冷饮，雪上加霜，可怜的胃是敢怒不敢言，有泪水也只能往肚子里咽，表现出来的胃口下降、胃痛、胃胀……其实就是它在抱怨了，你要顾及一下它的感受才是，此时它喜欢吃一些薏米、冬瓜、山药、红薯、小米等健脾养胃祛湿的食物，你要抓紧用山药冬瓜汤、山药薏米粥或者薏米红豆汤去慰问它哦。

秋分到立冬，人体的阳气向回收敛了，天气干燥，燥气伤肺，这点我们都清楚，其实你的胃也是很不喜欢燥的，一燥胃火就重，口气、便秘等都是胃火的表现，所以一入秋分我们就要增加各种汤汤水水来保养，例如百合银耳粥，紫菜鸽蛋汤等，给它润一润，补一补，让它铆足了劲，好准备接下来的冬令进补。

一到小雪，寒季就开始了，一直到小寒正是气温逐渐下降到最低点的时候，天气寒冷，和夏天相反，这时正是阳气虚于外，而盛于内的时候，胃的阳气很足。一到这会儿，你会想吃很多东西，尤其冬至前后,可以说是胃的节日,丰富的美食,各种补品可以令你的胃大快,但是不要忘了,在刚入冬的时候,或者在每天晚餐,多吃些白萝卜,以清理肠胃,平衡内热,欲补先清,这样才能补得更踏实。

微博上的一条消息让人震惊:"一位23岁的女孩因急性胃溃疡导致失血性休克而去世。前一天,她忍着胃痛还在上班,第二日被确诊为急性胃炎,第三天就去世了。据悉,这个女孩生前生活很没有规律,经常加班熬夜饮食无常,晚饭总是在9点以后,为了减肥还经常不吃晚饭。造成年纪轻轻就患上了胃溃疡、胃出血,最后发生悲剧。"

虽然只是一个个例,这个事情却应该给所有人一个警示,我们的身体不是铁打的,它禁不起日复一日的折腾虐待,如果你对自己的身体不爱惜,将来总有一天它会报复你的。如果你用心好好对待它,它会用健康回报你的。

胃要慢慢养,胃要好好养。好好养胃就得有巧手做饭。啰唆了这么多,还是觉得自家做的剪鱼面吃起来舒坦,养胃。小媳妇们,学着做饭,学着做一碗热气腾腾的剪鱼面,端在你心爱的人面前,会有惊喜等着你。

炒面糊

炒 面

\>>>>>>>

儿子在奶奶家吃到炒面时，他说，我回家还要吃，让奶奶多给我做些炒熟的面粉，太香了！比芝麻糊糊香多了。儿子根本不知道炒面制作的艰难，现在磨面粉的磨坊，都是电力设备，磨那么一点点炒面，贪图经济效益的人是轻易不肯答应的。婆婆和本家嫂子们就相约着几家去磨，这样备料也要集体行动，你家炒青稞，他家炒豆，你晾晒红薯，他晒干胡萝卜或者糖萝卜，那几天和过“喜事情”一样热闹。豆啊，燕麦啊、青稞少了就用小麦代替，但豆类是主要的，有黄豆、豌豆、大豆，这些都准备好了，用电动三轮车拉着就呼喊着相约去电动磨房炒面，场面很热闹喜气。有时，闲暇时也用石头小磨自己磨，悠然自得，也是农闲时节的一种享受，就是现在有石磨的人家已经很少很少了。

我们儿时,常常喜欢跟着大人去磨坊。山丹的传统炒面多在水磨上磨成,家乡有一个叫“磨湾”的地名,一里路就有一磨坊,一磨一姓,大多在新中国成立前都属于姓氏人家所有,那些人家必定是大户人家,新中国成立后都归属了公社、大队集体所有,但“啥家磨…啥家磨”的称呼在老百姓口里已叫的顺理成章,即便是起了新名称,但还是叫着老的顺溜。老地名遗留至今。

去时,远远地就听到水的喧哗声,有趣的是孩子们蹲在石磨上,一边往磨眼里撒豆子,一连拣出黄豆、豌豆咯嘣咯嘣嗑着,爹妈的呵斥也显得没有了威力,好像站在那个水磨上人就长大了。那个水磨一年四季转,东家磨完西家磨,真是风水轮流转,家家都要推炒面,因为每一家都有孩子吵着要吃。只要大人说去推炒面,高兴得想天天炒豆子,天天推炒面也不累,一边推一边可以信手抓一把豆子或一把炒面吃,一边劳动一边还能吃劳动的成果,真不错。那时好像孩子们的乐趣除了捡豆子拾荒以外就是推炒面石磨了,孩子们热闹的跟过年一样。

炒面是闲时吃的,吃急了会呛。外出时带了可以当做干粮吃。记得父亲给我们讲红军的故事,每一次都会讲到红军肩上斜挎的袋子里,装着炒面。在那个年代里,红军代表着艰苦的岁月,但老百姓讲起来,心里还是对红军有着十分的钦佩和赞扬,常常感叹马家军的残忍和红军战士的英勇不屈。记得有一个故事说,在红军和马家军的交战中,双双都失去了武器,就徒手打斗,可马家军的靴子里却藏着匕首,马家军用匕首刺在了红军战士背上的炒面口袋上,因用力过猛,口袋裂开了,炒面反溅出来的力度也很大,呛进了马家军嘴巴里、鼻子里,因炒面里渗进了这个红军战士的鲜血,生生噎死了马家军。我没办法证实这个故事的真实性,但我觉得老百姓这样讲就是真的。一个正义的生命是轻易不会失去的,总得有价值。

炒面在灾荒时，也救了老百姓的命，只有一点点的面粉或豆子，其他都是加入的野菜、沙柴籽、树皮，有时甚至是纯粹的野菜和树皮，用手推石磨一遍一遍地磨，磨细的粉末不会刮伤嗓子，但能填饱肚子。在七八十年代，炒面就普遍起来，但纯豆子炒面还是很稀罕，大多是青稞，有一段时间，我们吃国家救济粮，大多是红薯片，我们蒸着吃，煮着吃，都吃腻了。母亲就磨成红薯粉，我们就叫红薯炒面，加了糖水就更好吃了。

后来家家推炒面，水磨却没有了，稀缺了，就用石磨自己推着碾。先炒了豆子、玉米、麦子，用棍子从磨眼捣下去，一圈一圈碾过去，便有如面的粉末从磨口里纷纷扬扬地出来，筛了一遍又一遍，磨了一遍又一遍，十遍八遍之后把筛下的细面盛在小缸里大坛里储存起来，闲了拌着糖水捏着粑粑吃，加了糖，放了香油拌着吃。这个粑粑又不同于藏族人民的糌粑，糌粑是纯青稞磨的炒面，不过筛子，我们的炒面要筛选出细面吃。糌粑还要加入酥油，也可以加入肉干混合吃。我们的炒面是素食。

或是那天下了大雪，奇冷无比，火炕烧得暖呼呼的，一家人都在，一个挨着一个挤坐在炕上，母亲盛一碗炒面，你吃一口，我吃一口，互相挤眉弄眼，又不敢开口，开口就呛。母亲端一大碗糖水过来，都争抢着拌炒面，拌好了，用手捏着吃，也是小心翼翼，不要撒了浪费了。在这厚厚的白雪覆盖的冬季，吃着一口又一口的炒面，家里是热火火的，心里就暖烘烘的。住校的哥哥姐姐装成小包，带给城里的尊贵亲戚，或给了同桌的女孩子，他们吃着稀罕，吃着惊奇。

现在的人吃炒面，就是解馋，满足一下好奇心，吃一口品半天，豆香拌着一丝丝的甜蜜。任何粮食一经炒熟，就香气顿生，那种香气是与一般熟食的香气都不同，平时淡淡的，一般闻不到。吃的时候随着人的气息，那个香气就一缕缕钻入鼻腔里，再散发到全身心，你慢慢就能体会到炒面的香甜。何况炒面放一年半载不馊不变味，你啥候想起来要吃，它永远是一个香味，不让你失望。

油 茶

>>>>>>>

那天在阿拉善左旗吃午饭,刚一坐定,服务生端上奶茶来,内蒙古人好客,待客先要客人喝上一碗热腾腾的奶茶开胃暖身。当时初春,沙尘暴正盛,天天不见眉目。正好是难得的一个艳阳天,不过春寒料峭,丝丝凉意还是禁不住。朋友说难得好天气,正好朋友远道而来,先喝一碗奶茶暖身。喝一大口,果然浑身暖和起来,口里也是醇香无比。喝着竟喝出了家乡油茶的味道,有着一样醇厚悠长的香味。

才想起,油茶是要闭上眼睛品的,犹如品着美酒。泛着青瓷光的陶瓷细碗,盛上糊糊的黏黏的油茶,里面的杏仁、芝麻晶亮如玉,一粒一粒漂在散着乳香的碗口,嘴沿着碗边抿一小口,满口生香,芝麻杏仁香味、熟面味、油香味扑鼻而

油 茶

来，津津恋口。北方的气候，似乎寒冷的时候更多一些，就比如这样料峭的初春天气，来上一碗热腾腾、美滋滋的油茶，那感觉，就真的是从胃里暖到了心里。

原来的老东街南头，有一位老妈妈炒的带着葱花香味的油茶，我至今还记得，她做的油茶，面细油香，调和适中，放入的杏仁、芝麻多，喝起来香气扑鼻，味溢口腹。大冬天的，人们哈着白气，喝一口油茶如酒下肚，浑身从内到外发热，再买一支麻花或咸饼，泡入其中，麻花柔极，一吃一喝，一顿上等的早餐。小孩和老人都爱喝，小孩子喝了油茶，不用吃乳，喝牛奶。老人生病长久住院，食不甘味，忌口，百样不可吃，唯油茶可喝。

人们吃什么都要有氛围，看起来油茶不过是炒熟的面粉加调料烧熟，配以苦杏仁、芝麻即成的简单工艺，但在家中用大锅烧满，多放其杏仁芝麻，大碗大碗地喝，就是没有街头买的油茶之味。你如吃多了油味浓烈的大菜,或久吃大米甜食,口内不知何故无味,喝一碗黏黏糊糊、香喷喷的油茶,双手端起,闭上双目喝一口,香气一直往肠内奔去,咀嚼那杏仁芝麻的余味,品半天就忘了不知处何境地,油茶的概念已游离身外,心理上的满足使心中久闷之气散尽,心肝胃肠热得如吃了辣椒一般,腹内舒服之极。所以,非要到街头品尝,才可入境入味,一日喝舒心,二日喝觉味长. 三日四日一月两月喝下去,就有瘾了。天天喝,天天不觉重复,不觉腻味。

想做油茶很简单。先将植物油(花生油更好)用微波炉烧热,晾凉备用。然后将面粉倒入铁锅,文火翻炒,使水分蒸发,边炒边用锅铲将出现的小面疙瘩压散。面粉炒成金黄色时出锅晾凉。把熟花生米去皮碾压成碎粒儿,炒熟芝麻、杏仁备用。将冷却的植物油或香油倒在熟面粉上,用手搓匀,倒入花生、芝麻杏仁拌匀,即为成品。食用时用开水冲调,根据自己的喜好调味就可。食用时挖两勺油茶面在碗里加入开水,搅拌均匀 ,还可加适量蜂蜜调味,搅拌均匀,即得蜂蜜油茶面。

油茶是非常经典的早点,跟南方的黑芝麻糊有一拼,一般油茶都是小麦粉做的,一直超爱喝油茶,而且爱喝五仁的咸油茶,不太习惯骨髓或荤油炒成的油茶味儿。我做的这款是根据家里现有的材料集合在一起做的,有小麦粉,豌豆粉和熟糙米粉,还加了核桃仁和黑芝麻。一定要炒香芝麻仁。味道很赞! 核桃仁和黑芝麻超香,嚼到时会有小小的惊喜。暖暖的油茶,淡淡的甜,坚果和面粉的香,怎能不喜欢?

豆粉汤

豆粉汤

\>>>>>>>

好吃的东西最简单易做，比如豆面粉汤，是山丹独一无二的特色汤。也可能是只有山丹才有的农家特产。豆面粉汤，外地人叫什么不得而知。

汤里面是块块粉丁，是豆面做的。豆面，是豌豆磨成的面，豌豆长在山洼里的薄地里，是开春后下种最早的作物，不需要多少肥料，随便种了，又不占用好地肥地。七八十年代，四月五月里，青菜还没有大量出现，水果也无，嘴里寡味极淡。这时候，豌豆苗郁郁葱葱，刚盖住地面，花便开了，淡紫色的花骨朵散着缕缕清香，不知不觉时，嫩嫩的极小的豆角已经成形。端午节后过不了几日，淡淡的浅绿色变得深沉起来，花渐渐谢了，豆角籽儿已经粒粒硬朗起来。娃娃们发现了，三转一溜烟儿就到了地上，见着了就揪一把豆角，就那么吃了，吃多少都不腻味，一直吃到过瘾。再过些时日，豆已渐渐成熟起来，还可以煮着吃。麦收前，豆已成熟，先收了豌豆再收麦子，豌豆打碾起来很简单，只是豆儿特瓷实，硬得轻易咬不动它。豆是好吃的东西，营养极丰富，煮了蒸了，一粒一粒剥出来吃，那柔那香，想起来嘴里就生香气。

山丹人常说的娃娃最需要吃豆豆，吃了豆豆腿直腰挺，精神足。豌豆是豆类极品。秋收时，孩子们放暑假，争先恐后去捡豆，那几天的一日三餐都是豆，烧豆吃，炒豆吃，煮豆吃，吃的孩子们肚圆气顺畅，走路屁股后面“咚咚”响。大人们看着虎头虎脑，活蹦乱跳的小子们，喜在眼里，甜在心头。

若将豌豆与多种粮食比如青稞、燕麦炒了，再混在一起磨成炒面，香味多半来自豌豆。单独豌豆磨成面，然后加入凉水调成糊状，在烧开的水里倒入豆面糊糊，不停地一个方向搅动，直到闻到豆的煳味，把熟透的豆面糊糊倒入其他碗盏或是平底的盆里，晾凉，就成了豆粉坨坨，一个一个倒扣出来，像一座座圆圆的小山丘，又像是大馒头。做豆粉汤时，把做好的豆粉坨子切成粉丁。再用酸菜炝锅，加入炒香的肉丁，配上辣椒、姜末、蒜片、葱花，一锅香喷喷的豆粉汤就等着你享用了。有时和麦稔一起煮食也很可口，虽是素食，豆香、麦稔的清香是想挡也挡不住，直往你的鼻子里扑。整个制作过程不足半小时，工序二三道，如此简单。但你喝起来，却有隽永深长的香味，一辈子天天喝，一辈子喝不够，一辈子品不足。

那豆粉坨坨的颜色是微微发黄的一种玛瑙色，汤糊糊的，里面红的辣椒，绿的蒜苗做点缀，那些色彩引诱着我们的胃口，早上胃空，见如此红艳艳的暖暖的汤必喝不误，喝罢心里踏实，热火。上班、学习，无论干什么都精精神神，若喝豆粉汤，最好的时辰是早晨，无论地位多高，钱多广的人，喝了感觉一样的好。能上大雅之堂，可入家常饭桌，这是多么的不易。小吃中，这是最简单的一种，却是最耐品的一种。

酸辣拌汤

酸辣拌汤

>>>>>>>>

这个汤就是酸和辣，就是要酸得过瘾，辣得全身冒汗。嘴里除了酸辣味，再没别的味。享受的是味觉的刺激，一种身心的爽快感受。那个酸和辣两个极致相匹配，酸辣拌汤散发的也是一种浓烈的西北味，吃饭的人是真真西北的汉子，一碗又一碗，吃的人吸溜声一片，吃得大汗淋漓，解了宿酒，吃好了感冒，赶走了乏困，吃得人眼睛亮，耳朵灵，精神足，吃得人人清醒，吃得人人全身倍儿爽。

家常饭菜里，再没有这样简单易做的，这样受人喜爱的饭食。当你什么都不想吃的时候，你最想喝得是酸辣拌汤；当你吃什么都觉得没味道的时候，酸辣拌汤是最有味的；当你觉得不知道做什么可以吃的时候，你就做酸辣拌汤。简简单单的工序,清清爽爽的汤,热热火火的日子,这些都是人最想要的,也是最需要的。

先说说咋拌面疙瘩。一碗面,半碗水,一双筷子不停地搅动,直到没有干面粉,但水不能多,面搅拌成了半干半湿的梭梭,就不需要加水了,再把面继续拌成一粒一粒的小疙瘩。教你一个偷懒的办法,把面粉放碗里,然后把水龙头放开一点,可以滴点就可以了,水开始滴的时候,就不停地搅拌,一直到没有干面粉为止。这个技术好掌握。但得有相当的耐心和时间。

面疙瘩拌好了,汤的制作也很简单,用料以豆腐、土豆、番茄等料经清汤煮制而成。辅料:鸡蛋一个,淀粉、葱花、芫荽,调料:清油、酱油、辣椒、胡椒粉、香醋、精盐、味精,有鸡汤更好。将豆腐、土豆、番茄、分别切成小丁,加鸡汤、精盐、味精、酱油,用旺火烧至沸滚,再放湿淀粉勾芡后,改小火加打散的鸡蛋;将胡椒粉、醋、葱花放入汤碗内。在锅内蛋花浮起时即改旺火,至汤滚起,下入面疙瘩煮熟即可。特点是酸、辣、咸、鲜、香。酒后食用,有醒酒去腻,助消化的作用,在乡村广为流传。其实还有最简单的做法把西红柿、青椒、小葱洗干净了,西红柿、青椒、切碎末,用油炝一下锅,加水进去,等锅开后把拌好的面疙瘩煮进去,再放入葱花、醋、就可以开吃喽!

其实,老百姓是最伟大的创造者,多么复杂繁复的过程都会让他们在实践中创造的最简单,也最实用的。平淡中的生活,也许是最幸福的生活。

爱吃凉面

\>>>>>>>

吃凉面，还是手擀的吃起来有味，机器压出来的没有了麦香味，麦子的纤维遭到了极致的破坏。吃凉面，还要会擀面，擀面的人灵巧能干，把一张面擀得薄厚均匀，圆润光滑。切起面来得心应手，刀工娴熟，切出来的面长短薄厚都有样式，下锅里不断不粘，吃嘴里滑溜顺口，还有人把吃凉面，叫做吸凉面，说明凉面做得多妥帖，让吃的人万分享受。

在炎热的夏天，一碗凉面，带来的不仅仅是清凉，还有浑身的安逸与舒坦。在外的山丹人，时不时回想起家乡的凉面，想得嘴馋，这是想念故乡的味道。

故乡是什么？它是你飞得再高再远，最终想要回归的唯一的落点；它是你看过无数风景后，依然惦念的泥土的芳香；它是你尝过数不尽的珍馐后，最爱的仍旧是妈妈煮的家常味……

当天热得使人对大鱼大肉都失去胃口时，就喜欢做一碗清爽的凉面，触动懒惰的味蕾。为了让那碗面更能调动和温暖你的胃口，先把时令蔬菜备好，做一碗酸辣味的小调料，把绿的黄瓜、红的萝卜都切丝，芫荽和葱也要切得细细的。有兴趣的时候，摊一张鸡蛋饼，同样切丝。把这些红的、绿的、黄的细丝整整齐齐地码在碟子上，另一边是静静等候着，提升你胃口的小调料，心情无端地便荡漾起来了。这些美丽的食物，使你觉得吃饭是一种享受，所以，在厨房，你也觉得很幸福。吃凉面，就是吃的简单。我们山丹人还用艾叶汁做凉面，也有用菠菜汁做的凉面，色彩上就丰富起来，看着这些丰富的色彩，胃口就好得出奇，有人要吃三碗凉面都不觉得撑。

凉面

手巧的媳妇，什么样的凉面都能擀出来，黑面、荞面、玉米面、高粱面、红薯面，以同样做法擀好晾满一案板，都叫凉面。记得母亲和好两种面，擀面时把颜色不同的摞在一起擀，擀出来的面是花色的，很好看。小时候的我们却嘴馋不爱吃，觉得还是白面凉面香甜。好看的花花面，母亲天天用黑面和白面，还有包谷面交替做，我们亦不觉得稀罕，反而吃腻了。母亲为了让我们吃得爽口，她变着花样切面，韭叶宽的、细棱的长面，或是还要比韭叶宽的，宽着的这个面切的要短一点。只是面下熟了以后，不用凉水冰(面会柔软一些，更适合儿童和老人食用)，用笊篱捞出，空一会水，倒在案上，一遍遍用筷子翻动，直到面凉了，彻底凉到位。一般时候，不拌油就那么凉着，凉透彻了，自然不会粘连。如果拌一点点清油就很奢侈了，一堆堆圆润滑亮的长面蜷曲着，会慢慢冷却，回醒，啥时吃起来都爽口。好年景，放多一点的清油烧熟拌在凉面上，幽幽放光，早上做好一天都吃凉面不腻。现在，已无所谓油多油少了。如今小吃摊上买的凉面，多是早早下好用油醒着，慢慢等待客人的享用。

巧妇难为无米之炊，好的凉面真要巧妇去做才合口味。家乡有新媳妇婚后三天要下厨房试厨艺的习俗，手巧的手拙的，一试便知。多是要让擀凉面，凉面擀得又薄又匀，像一张纸，切面一条线，又细又长。这时有能说会道的本家妯娌会说：“凉面擀得真好看，下到锅里团团转，头一碗给公爹吃，来年三月里抱孙子”，“面条切得细又长，小两口情深意长，面条切得薄又宽，小两口白头偕老”。说笑间，新媳妇没有了拘束，即便面擀得不合格，也不会失了面子，以后也会偷着学会。和面是需要功夫的，不常和面的人一时半会学不会的，因而这和凉面，新媳妇多是给婆婆打下手，眼睛要盯着婆婆有条不紊地和面，面和水的比例是关键。先用淡盐水、土碱水和面，然后加入蓬灰水，边加边拉，揉到面团柔软光滑有拉力时即可，然后放在案板上饧。多次的揉搓和饧面，让面的柔性和韧性都到了极致,一拉面就弹跳起来。还有个新媳妇刚到婆家时,闹过一个笑话:婆婆嘱咐面已和好,要她把饭做好,她试着揉了一下婆婆和好的面,感觉弹性好,就饧好面,炒了菜,下好了饧面拉条子给婆婆端去,婆婆很惊讶,说我和的是擀凉面的面,你怎么做成饧面了?媳妇说,我揉着软硬适合饧面,还以为……可见婆婆和的面弹性很好,让没做过饭的媳妇误解了,好在把面拉成细条下锅也能吃,与我们现在的牛肉拉面一个道理。婆婆逢人就夸奖自己媳妇能干,凉面都能当做饧面吃。这个新媳妇对婆婆是感激不尽啊,以后得把厨艺练得棒棒的,好好孝敬公婆。

凉面古时就有,始于唐代的“槐叶冷淘”。唐制规定,夏日朝会燕飨,皇家御厨大官(也作“太官”)所供应给官员的食物中,即有此味,可见原为宫廷食品。其制法大致为:采青槐嫩叶捣汁和入面粉,做成细面条,煮熟后放入冰水中浸漂,其色鲜碧,然后捞起,以熟油浇拌,放入井中或冰窖中冷藏。食用时再加佐料调味,成为令人爽心适口的消暑佳食。

诗人杜甫曾写有《槐叶冷淘》一诗:“青青高槐叶,采掇付中厨。新面来近市,汁滓宛相敷。入鼎资过熟,加餐愁欲无。碧鲜俱照箸,香饭兼苞芦。经齿冷于雪,劝人投此珠。……君王纳凉晚,此味亦时须。”诗人所说的“槐叶凉面”,是指用鲜嫩的槐叶汁和面后而制成的碧绿面条,绿色本身就是冷色调,再加上煮熟的面条过水而淘,自然会给人以“凉”感觉。北宋诗人王禹偁的《甘菊冷淘》也描述了凉面的制作以及形、色、味。诗中说:“……随刀落银镂,煮投寒泉盆,杂此青青色,芳香敌兰荪。……”清潘荣陛的《帝京岁时记胜》记载:“夏至,京师于是日,家家俱食冷淘面,即俗说过水面是也,乃都门之美品。”

看来,古人对凉面是极为推崇。昔日的宫廷佳肴现如今是老百姓的家常便饭,这也算是一种幸福。吃凉面全在于一个“凉”字上,暑天心火盛,周身热,空调让人更热,因为屋内外温度反差是火盆和冰窖，人心烦神移，心事重重，这时，吃一碗凉面是必需的。

吃凉面煮面也是一道重要的工序，煮面的时候，面条煮到八成就好了，要煮得透而不烂，这是个熟能生巧的事。煮好的面用漏勺捞起后用凉水冰过两次，沥干。用一个大碗，一碗碗凉过去，凉面的天性全部显现，和吃热面有不一样的心情感受，能吃出一种味儿，一种心情，一种理想。就是一种透彻心扉的畅快，这面吃的悠悠荡荡、潇潇洒洒。再配上绝味的调料。这个调料一定是妈妈亲手配制的。有辣椒，有一点点的芥末味，蒜茸更是少不了。俗语说："辣椒辣嘴，蒜辣心，芥末辣住鼻梁筋"。有伤风感冒鼻塞时，食用芥末可使鼻子立即畅通。

制作调料是细心的活，把蒜和姜斩成碎碎的末，撒上一把红红的辣椒面，切一点绿绿的韭菜叶、蒜苗叶，有耐心的人还要捡出一些地耳放进去，色彩就很丰富了。用锅把油烧烫，泼上去，加葱花、地耳和水、食盐、味精进去，顿时，连空气都香了。把用油泼过的辣椒、蒜茸等调料里面再加一点老陈醋，有自家酿造的醋最好，这味道酸辣，色彩丰富，诱人食欲的调料是吃凉面绝好的伴侣，没有它的相伴，这个凉面就没有真味，没有生活的气息。调料做好了，把面条盛上，然后浇上做好的酸辣调料，最后是拌上青瓜丝、细萝卜丝、鸡蛋丝、芫荽和葱花，这样简单。繁复些可以炒几样小炒菜更好。吃凉面炒的小菜很多，如酸辣洋芋丝、蒜拌茄子、红烧茄子、醋熘葫芦片、凉拌曲曲菜(学名蒲公英)等等。如果家里有炒香的黄豆、花生米或芝麻油，放一点在里面，这碗凉面将会无比完美。你的口水是否已微微泛起，就等着大快朵颐了。

夏天的美食酿皮子

>>>>>>>

山丹酿皮子好吃,是费了功夫做成的。山丹民间把山丹酿皮制作叫做洗面皮子，也有干脆叫洗凉粉。做酿皮的人必须得有气力,传说有人专门买了新的洗衣机来做酿皮，不管真假怎么说,可见做酿皮子费时费力。

酿皮子是山丹人最喜爱的风味小吃之一。在张掖地区五县市,山丹酿皮最好吃,也许是山丹人热情大方,碗盛得大,料放得足。也是因其独到的制作工艺和风味，在河西一带的酿皮子中独树一帜。山丹酿皮子是一种独特的面食,既可作为主食,也可作为零食,清凉可口,开胃解暑。其做法是费时费力也需要耐心,先将优质面粉加水揉成硬团,在清水中反复搓洗,使面粉中的蛋白质与淀粉分离，分离出来的蛋白质俗称

“面筋”，将它蒸熟，切成薄片待用。洗出的淀粉溶于水中，待其沉淀在盆底后，把上面的清水倒掉，加入稍许碱，调成稀糊，舀入平底盆中，上笼蒸几分钟即熟。吃时，切上一碗酿皮，抓上一把酥绵可口的面筋，再配上各味调料，看着色泽晶莹黄亮，半透明如玉，入口细腻润滑，酸辣柔韧、这样清爽可口的滋味让你吃过了，下次还想吃。外地的客人也会忘不了这绝好的风味小吃，

酿皮不仅在山丹受欢迎，在张掖各地都是最受欢迎的风味小吃，还有人去北京买酿皮子发家致富了。如今的酿皮子是台面上的菜，山丹大小红白喜事待客的酒席上必有一道凉菜是酿皮子，它已经上了家宴、国宴，既是平常百姓喜欢的美食，又是宴席必不可少的佳肴，也只有山丹酿皮能担当得起。

山丹焦化厂有一家卖酿皮子的店很出名，现在已搬到了仓房街一中家属楼下，吃者络绎不绝，到下午三点以后去竟然没有了。南街有一家牛家酿皮也很出名，知道的人都慕名而去。进的店里，看店主的那个麻利劲儿，一张酿皮从案下取出，扔在小案

酿皮

板上，两折，刀与案板两相见，发出空灵的当当声，在悦耳声音中，酿皮已排列有序，成了一个个金黄的条条，店主抓一把刚好一碗。盐、醋、蒜泥、咸酱、芥末、油泼辣面依次浇了上去，就好了。有带走的，有现吃的。吃相各异，有三两口就吃完的，也有细嚼慢咽的。有一女子明明想一口吞下去，却矜持地抿住嘴，只留开双唇间一点点缝，硬把一根酿皮塞进去，又怕辣椒油糊了涂有口红的唇，就想大张着口，可张大口又怕人说贪吃，所以半张半开，还是没有了斯文像，虽天天吃却总是吃不厌的本性还是难掩，每次调好，还要说多放些醋。小孩子却吃得心满意足，用手背一擦辣椒嘴，妈妈拉着去洗手间，边走边用舌头舔干净嘴角的辣椒油，还做着鬼脸，看来是吃得真高兴。

买酿皮子不光是店家生意红火，街上数不尽的小摊位也是热热闹闹。盛夏，随便搭一个凉伞，伞下也坐满了人，你一碗，我一碗，拼着吃。山丹有俗语说，不吃凉粉把板凳腾开，可见吃山丹酿皮的人有多少。

入暑时候，品尝一碗黄亮柔韧，细腻爽滑，清凉可口的酿皮，一定会感到胃口大开，咀嚼的不仅是人人垂涎的酿皮，并且还是一份平常生活的恬淡与舒适。

麦稔汤

\>>>>>>>

新鲜的麦粒舂成麦稔，熬成汤极鲜极香。因是新麦，有雨后的清新，有骄阳的热烈，有成熟的醇厚，品到极处便是淡淡的自然清香，都是家常便饭的味道。

农家麦稔汤多在冬季食用，一次性煮好麦稔放在锅里备用，冬天的室外是天然冰箱，放置的时间长也不怕，想吃时随时取来，切好肉丁（牛、羊、肉均可），随着土豆、粉条、豆芽、豆腐、鲜姜、辣椒、调料炒出，加入高汤里面，出锅时加盐、味精、胡椒粉、醋、香菜或葱花，一锅热气腾腾，酸辣适中，味道鲜美的麦稔汤即可端在你面前，你喝上满满一碗，还想着再喝，口里还留着咀嚼麦稔留着的香气。

有时候，农家在还未开镰的闲暇时间，就把成熟最饱满的麦粒揉下来，用水拌湿麦粒，多用手推石磨来碾麦稔，或是用石杵在石窝里舂，一遍遍直到舂尽麦皮，用簸箕簸去皮，一粒粒似珍珠圆润晶莹剔透的麦稔就成了。

母亲揉揉发酸的腰背，在月夜里煮好了麦稔汤。一大早割麦去，早餐就是麦稔汤，看到锅里咧嘴欢笑的麦稔，葱花香、汤更香。麦稔是新鲜的，嚼一口麦粒，满口生香，麦香更是悠长的，心情也是愉快的，割起麦来浑身是力气，神清气爽。

这是土地对辛勤的农人丰厚的馈赠，这是千万年以来沉积下来的感觉。农人与土地一直是惺惺相惜的，只有终日在黄土地上劳作的人才能真真品出土地的绵延无际，或荒凉、肥沃、贫瘠，这也是一种互相的感知，没有经历便不懂得。一个人对另一个人说，我懂你，那是知己，需要时间和经历的磨砺。

麦子最原始的味道是麦香，是怎样的麦香，没人具体说出来，农人喝了麦稔汤说，就是这个味。这个味吸收了麦子最原始的，最新鲜的味道，也吸收了田野的味道，它的营养是汲取了天地与日月的精华，这种持久的香味，只有和它相濡以沫的人才懂，才能品出它的韵味悠长。

小时候，村前的马营河一到冬天河水就结冰，玉带一样环绕村庄四周，孩子们不顾大人的恐吓，时不时就溜出来玩耍。但到腊八这天，家家要去冰滩上"踏"麦稔。据说腊八这一天的冰很洁净，"踏"的麦稔也是极香。说是"踏"，其实是选在厚重的冰层上凿一个坑，把选好的麦粒放进去，用石杵头来杵，随着杵头的上下，小孩子还唱童谣相随。依稀记得几句："扯大锯拉大锯，姥姥家唱大戏，爹也去，妈也去，碾了麦（山丹方言读mo）稔送了去……"我常常随着最小的姐姐一起去冰滩上碾麦稔，脸和手让西北风吹得生疼，却还是年年乐此不疲，麦稔汤的香味在记忆里也越来越浓。

没有一个人会忘记儿时的欢乐与忧愁，当现在吃什么都觉得不可口的时候，小时候仅仅一次牙祭的记忆便会跳出脑海，让每一个人回味无穷，生活的魅力如此，记忆的馈赠也是丰厚的。也许，记住每一个美好的瞬间，便是幸福。

喝麦稔汤时，我的父辈们感到的是真正的幸福，终日的辛勤劳作换来冬日闲暇时节的饱腹，这就是幸福，就这样简单，像天天食用的家常饭。

炒拨鱼子

拨鱼子

>>>>>>>

山丹人爱吃拨鱼子,有时待客也吃拨鱼子,酒店客人最爱点的面食也是拨鱼子。一碗拨鱼子盛在碗里,像是拥挤在一块儿的小鱼,尾巴摆一摆,似乎要跳出碗来,筷子夹也要小心翼翼,不然吃不到嘴里,反而蹦到桌上逃走了。

关于拨鱼子有个传说，说山丹焉支山脚下有一户王姓的大户人家，娶了一个心灵手巧的新媳妇马金花,谁知婆婆是个刁钻古怪的人,新媳妇过门三天试锅上，刁钻婆婆有意为难新媳妇,要给她来个下马威。

晚上婆婆对媳妇说,巧媳妇啊,妈明儿早上想吃荷包配丝线；明儿晌午想吃高山落雪蒸一碗；明儿晚上想吃鱼儿乱钻沙。媳妇一听傻了眼,这是啥饭怎么做啊,娘怎么从来没教过,想问又怕婆婆笑话，就不敢言传，回房悄悄问了丈夫，可娇生惯养的丈夫更是丈二和尚摸不着头脑，啥也不知道。新媳妇急得直抹眼泪，眼睛抹得红红的，想问自家的娘，可路途遥远，心里怨娘怎么不教给自己做这样的饭，没心没肺的丈夫竟打起了呼噜。明天的饭没一样会做，新媳妇越想越是着急，就低声哭泣起来。新媳妇的哭泣声惊动小姑，贤惠的小姑想是不懂事的哥哥欺负了新嫂嫂吗？就赶紧到哥嫂屋子问个明白。新媳妇说了婆婆要吃的那几样饭，自己不会做就着急哭了。小姑一听就笑了说，嫂子别着急，我教你怎么做，对着嫂子耳语了一阵，新媳妇破涕为笑，拿出一对陪嫁银耳环送了小姑为谢礼，小姑推辞不要，新媳妇又哭了起来，小姑只得收下。

第二天，刁钻婆婆盘腿坐在炕上，等着媳妇端来早饭吃，面含威严，心里窃笑，看你怎么做出来。早饭时，媳妇款款端来一碗挂面，上面卧着一个荷包蛋。婆婆看到吃了一惊，想这媳妇真聪明，竟能做出来。又想你做了一样，看你再聪明，也不会想到晌午饭怎么做吧。晌午十分，婆婆还是端坐炕上，等着媳妇端来晌午饭吃。不一会，媳妇手捧一碗蒸熟的白米饭过来，米饭上洒了白糖，中午阳光一照，还闪闪发亮呢。婆婆一看坐不住了，下炕接了媳妇送来的饭，给了新媳妇一个背梁身，说你快去准备晚饭吧。媳妇一看两顿饭已应付过去，悬提着的心才放了下来，也感觉到有点累，看到做晚饭的时间还早，就回到屋里在炕上打了个盹，不想睡着了，醒了一看做饭时间马上就到了，就急忙忙去厨房做晚饭。不小心和面时把水放多了，这面和的稀稀软软，怎么能做剪鱼面？重新和面已经来不及了，急得新媳妇眼泪又要掉下来，没了主意转磨磨。原来这婆婆嘱咐做的第三样饭鱼儿乱钻沙，小姑说就是用砂锅熬出稀稀的小米汤，再在汤里下进剪鱼面就叫鱼儿乱钻沙。事已至今，新媳妇只得想啊想，突然她看到筷笼里圆圆的竹筷头，她心里一动，她赶紧把面盛进碗里，用筷子头一拨，一拨，一个个形似剪鱼子，稍稍比剪鱼子大一点的两头尖尖的面下到了小米锅里，在锅里随着米粒上下翻腾，活脱脱一群黄沙里游动的鱼儿。饭做好了，新媳妇呛了葱花，麻利的把一碗香喷喷的饭端在了婆婆面前。

刁婆婆一看难不倒新媳妇，就不好意思地解嘲说，不愧是我王家的媳妇，比婆婆我做的还要好啊，真是巧媳妇啊。

从此，这个拨鱼面就在山丹流传开来，每一个巧媳妇都学着做，农忙时节，一碗拨鱼面拌着醋和辣椒，和汤锅里丢进田间地头挖来的野菜汆一下，一顿热腾腾的晚饭就成了，劳累了一天，能吃一顿拨鱼子是奢侈的，也是幸福的。后来拨鱼子有了改进，掺进了豆面，豆面拨鱼子不仅营养丰富，吃起来还有一股豆子清香味，让人口舌生津。花样也有了变化，不仅下在汤里面吃，也捞干吃，配家常炒菜，既方便又实惠，有滋有味，一直吃到如今。

拨鱼子

醪糟

>>>>>>>>

醪糟属于山丹的舶来小吃，但山丹自古以来一直就有人买醪糟。记忆中，七八十年代，开交流会，去剧场听戏，去时、回时，或是在听戏的空隙，老辈人大都要喝一碗醪糟，尤其是那时拿退休工资的老人，喝醪糟成了雷打不动的定律，喝顺了，和喝茶一样，就喝上瘾了。早上喝一碗鸡蛋醪糟是多么自豪荣光的事。但对于农村的老人来说，则是奢侈。偶尔进城一定也去喝一碗，回来听的看的戏要说道几十遍，醪糟也要说道几十回，甚至有让全村人都知道的阵势。

现在常来县城的老人，也对醪糟情有独钟，老人没牙，多半东西嚼不动，又不能喝烧酒，大鱼大肉更是不好消化，进城只可能捡软的好消化的东西吃，那就烧一大碗醪糟，泡上馍，鸡蛋醪糟汤软软的，不用牙嚼，只是品味，眼睛闭着，但脸上是满足的惬意的笑容，紧跟着的孙子受此感染，也知道这是好喝的美食，也要次次跟着来，天天嚷着来，来了喝凉的，拿一吸管吸着，吸——溜——，节奏长长的喝了一碗，喝得脸红牙白的，晃晃悠悠地跟在爷爷后面回了家。和孙子不同的是爷爷，喝就喝热的，让那个麻利的主儿烧一壶热热的，“要鸡蛋吗？”“要！”哐的一声，鸡蛋在亮滋滋的瓷花碗边上一磕，双手拉开蛋皮滴下鸡蛋，蛋清一滴不剩，勺内泛起一层黄黄的蛋花，勺子一舀，刚好一碗，白底蓝花花的瓷碗碗厚厚的，很笨重但很耐热，再烫的汤汁，舀在里面都不会烫手，送进口中，热气已被厚瓷碗吸收和释放，那似酒非酒，散着酒味儿、又有着米香气混合的味儿，鸡蛋也有了软酥酥的酸甜味，喝进口里，清神益脑，笑容有了，精神有了。领着孙子走着走着，便微微有点醉意，飘飘欲仙。

醪 糟

其实，年轻人更爱喝醪糟，或男或女，或早或迟，总是在大荤大素吃腻味了，觉得吃什么都不解馋。或是夜里烧酒喝多了，口中无滋无味，走路都头重脚轻，第二天早上喝一碗醪糟，顿时滋味全生，口感食欲都大增，是此刻最宜人的饮品，心中对醪糟发明人是万分感激。

喝醪糟，地方不同，滋味各异。街头巷尾，多是老人和过路的客人，是被“热醪糟哎”“哎——鸡蛋醪糟哎”这种独特风格的叫声吸引来的，你正走着，听见这绵软的叫喊声，更似乎闻到了醪糟滋味，便不知不觉坐在板凳上，如让施了魔法，你不由得就会说：来一碗热醪糟，加鸡蛋。公园茶社，一般结伴而来的，都是成群结伙嘻嘻哈哈而来的女子，喝醪糟也喝得文雅秀气，用大拇指和食指小心捏着瓷勺，还要翘起兰花指，眼睛盯着远处湖面上的涟漪，脑子里骏马奔腾万里，一碗醪糟能喝上一两个小时，摊主也不生气，似乎很习惯。热闹一阵过了，摊主平静地收了碗盏，等待下一次热闹的来临。

山丹的醪糟，其实和全国的都一样，说不定做醪糟的人天南地北的都有，只不过在这个小镇谋者生活，过着平凡的日月，时间久了，成了小镇的一道风景。

马场酸奶

\>>>>>>>

记得母亲说生我时缺奶，全凭喝羊奶我才不至于太瘦弱。但我的记忆里尤其深刻的却是马场酸奶的记忆。

早晨的八九点钟，母亲已从二场场部打来了牛奶，准备自己做酸奶，有时母亲带来的是已做好的酸奶子。虽然那时牛奶几毛钱一斤很便宜，但母亲一次带来的也就是一到两斤，往往只有我和父亲两人喝，我很少见到母亲喝牛奶。倒是常常看到母亲做酸奶的情形。

那时的牛奶是真真的绿色食品，也没有人大肆掺水，是纯纯的牛奶，一斤奶，足够我和父亲喝了，那种醇厚幽香的奶味吸引着我起床，伴着我入眠。余下的牛奶母亲用来做酸奶。童年时的我最喜欢喝酸奶，天天缠着母亲做酸奶，但很难如愿，母亲总是好久才想起做酸奶，当然每次都是我最先享用，所以记忆犹新。母亲做酸奶时，总是先把生牛奶放锅里熬开，稍微晾一下趁温加进去上一次剩余的酸奶作“引子”。那时，我不明白母亲怎么每次都有保存好的酸奶“引子”。因为稀缺，根本不可能有剩余，所以惊奇母亲每次变戏法一样变出剩余的酸奶，也曾翻箱倒柜找过，每次都是徒劳无益，连酸奶的味都闻不着。母亲把“引子”放入后，搅拌均匀再放到温暖的锅台后，有时候把它们用棉被蒙起来保温，让其继续发酵，这样大约经过半天工夫，在每天下午的五点钟左右，一大缸子酸奶就做好了。天凉时需要一到两天的发酵时间。做好的酸奶散发着淡淡的奶香，上面一层黄亮的奶皮瓷釉釉的诱人食欲。

马场农队上的牧民家家都会做酸奶。他们做出来酸奶上面都有一层黄色油亮的奶皮，那个奶皮最

酸奶

香最醇。自家做的酸奶脑很厚,也酸得纯正,小孩子吃都喜欢放糖,缓解酸味。大人却喜欢喝纯纯的酸奶,不加糖,就吃那个酸劲儿。一般人是抵不住那个酸劲,就加糖,加糖后的酸奶飘着一股清淡的芳香,酸中透甜,人人喜欢。在炎热的夏季一碗果冻一样的酸奶就可以当做我们小孩的晚饭,吃得心满意足。那种又酸、又甜、脑儿厚醇的酸奶喝在嘴里的滋味,现在想起来它还是童年时代最美的滋味。

那时候,没人去买酸奶,都是自家发酵制作酸奶。但绝不比买来的差,甚至要比买来的醇厚许多,味道也要悠长耐久。我们用勺子大口大口地喝，不像现在捏着个吸管一小口一小口地吸,没有品尝美味的那种痛快感觉。现在酸奶的花样品种繁多,什么原味的、果蔬的、红枣的,还要加钙、加锌什么的,真是花样翻新。但我却怎么也喝不出当年母亲自制酸奶的感觉。也许是童年的印象太深刻了,也许是现在的这些酸奶饮品真的就没有马场酸奶那么浓郁,那么好喝。喝过马场酸奶的人,大都也是这种感觉。

我有时去街摊上买酸奶的地方买了酸奶喝，据说是马场酸奶,但喝一口,那种比较立马显现出来了,不是那个味。倒是有次在马场窟窿峡景点吃饭时，喝了一小碗酸奶是正宗的马场酸奶,一问,就是自家做的酸奶,奶牛也是自家养的,只是量少,供不应求,想天天喝很难,只能是偶尔品尝一下。自制的酸奶要很快喝完,不能存放太久,在冰箱存放也不能超过三天,以防营养成分的丢失,放久吃了也没什么价值,倒是放久就成了干粉状的酵母菌,以备下次做酸奶时用,直到现在我才明白母亲存放的“酸奶引子”是怎么来的。现在做酸奶原料多了,花样也多了,却喝不出那时的味道,人总是这样矛盾。过去的记忆有时真的就变成一种符号沉淀在岁月里,想找也找不回来。

酸奶虽不是儿时味道，做酸奶的方法却是代代相传兴盛不衰。现在制作也更加科学,器皿要消毒,新鲜全脂牛(羊)奶也要消毒,还有了专门制作酸奶的酸奶机。不论春夏秋冬,不论男女老少,对酸奶子一往情深,视为离不开的家常饮料。酸奶子如此备受青睐,自有它的魅力。

它的营养价值远远超过新鲜牛(羊)奶。它含有多种乳酸、乳糖、氨基酸、矿物质、维生素、酶等。酸奶有许多神奇的作用。消食、防治高血压、冠心病,其中所含的乳清酶等能抑制胆固醇。有人通过试验观察到,每日饮700毫升酸奶子,一周后,可使血清胆固醇显著下降。经常饮用,可预防动脉硬化和高血压。从外国专家研究的资料看,喜食酸奶子的维吾尔人血中胆固醇的浓度多为130%毫克,远比一般美国人240%毫克的水平低。

专家们还认为,酸奶中的乳酸杆菌能增强肠道机能,促进营养物的吸收,防止过早衰老。酸奶子还具有防癌功效。科学家做过这样的试验:把患有肿瘤的小白鼠分成甲乙两组,甲组每天喂酸奶子,乙组则不喂。20多天后,前者癌细胞的生长速度比后者降低了30—35%。维吾尔人患癌的比例较少,恐与饮食酸奶子不无关系。 有趣的是,酸奶子可使妇女皮肤变得白嫩、光洁,起到美容作用。酸奶子的神奇作用使美国医学界为之叹服,奉它为“世界最佳饮料”。

山丹人爱喝马场酸奶,是因它的质佳味美,喝它喝的上了瘾,一旦喝上了瘾,也许会因此“终身受益”。

花精灵菜籽油

>>>>>>>

油菜花开遍中国大地，从春天开始一直开到秋天。从南方一直开到北方。开在最后，开的最艳，开的最大气的就是山丹马场的油菜花。你也许看过汉中油菜花的艳丽，看过婺源油菜花的烂漫，看过门源油菜花的浩大，这些油菜花都以各自的风采让你震撼。当你领略了马场油菜花后，你才能知道什么博大壮阔，什么是浩瀚无垠，那种西部风光的壮美和霸气，会深深地折服你的心灵与感官。

山丹军马场最美的季节是七月，它的美来自于一望无际的油菜花海。马场盛开的油菜花风格迥然，与众不同。马场油菜花的种植面积虽没有门源油菜花那么多，但却开得比门源的豪放些、大气些。那真是花的海洋，繁花似锦，菜花飘香。尤其是那大海一样纯净明朗，金灿灿的花海铺天盖地迎你而来，你目不暇接，徜徉在这金色的海洋中，看那蓝天、白云、群山、菜花、麦浪，都是一幅幅绝美的风景，令人赏心悦目，心旷神怡。军马场不仅只有油菜花，还有大片大片的青稞田，也是一望无际，气势恢弘，煞是好看。黄绿相间的油菜花和麦浪依山势而行，似是一条黄绿相间的飘带，与祁连山顶的白雪相映成行，依山飘荡。你仿佛在美妙的仙境行走。

饱览了油菜花耀眼夺目的美景，还有让你口舌生津的美味佳肴让你留恋不已，马场的菜籽油是当地农民的主要经济作物。山丹人几乎没有不吃菜籽油的，烧肉、炒菜、烙馍馍，没有一样离得开菜籽油，如今“地沟油”盛行于各个酒店，山丹人自己榨油自己吃，放心而又实惠。

优质纯正的原料，得天独厚气候条件和地理环境，造就了山丹菜籽油纯正的品质和浓郁的香味。山丹的油菜子含油量高、芥酸含量低、机械化作业

山丹菜籽油

油菜

收获杂质少，且无污染，是纯正的绿色食品，它与山丹的油菜花美景一样受人喜欢。

菜籽油色泽金黄，味道有一点芥末的味，这是它含有一定的芥子甙的缘故，因而与富含亚油酸的优良植物油配合使用，它所含的亚油酸等不饱和脂肪酸和维生素E等营养成分能很好地被机体吸收，具有一定的软化血管、延缓衰老的功效。菜籽油的原料是植物的种实，又含有一定的种子磷脂，对血管、神经、人脑的发育十分重要。它的胆固醇很少或几乎不含，所以怕胆固醇的人可以放心食用。它还有利胆功能.在肝脏处于病理状态下，菜子酮也能被人体正常代谢。

磨制菜籽油有五道工序：清洗，炒籽，磨碾，蒸坯，包饼并上榨。因工序复杂，乡村都有专门的榨油坊，老百姓在年关将近时候，首要的事就是榨油、磨面粉，然后是扫房、烙馍馍、炸糖花子、油棒子。比起其他农活来，这些活都是悠闲自在的活，做这些时，他们享受的是过程，并不在意效率，在不紧不慢中，在油香米面味的混合中，年味愈来愈浓。

山丹长城王西瓜

山丹沙地西瓜

>>>>>>>>

山丹人把长城叫做边墙，自古以来就有人在边墙弯种西瓜，那时候产量低，但西瓜还是一直甜得喜人，周围县市的人都喜欢山丹瓜，秋七八月，山丹瓜一车一车拉往他乡叫卖，一听到山丹特有的腔调，人们蜂拥而至，争相卖瓜。

山丹瓜确实甜，甜得实在，甜得爽快。那滚圆的翠绿皮下包裹着甘洌爽口的瓜瓤，籽粒点点饱满，瓢瓤密质甜脆，咬一口清凉甘洌，甜透心扉。

诗人谢宠有一首诗《长相思·塞上瓜田少女》生动的描述了山丹长城脚下，一个少女骄傲地向客人推介山丹的沙田瓜："双辫丫，戴野花，笑指长城是我家，田中有好瓜。一边拿，一边夸，连问行人沙不沙，双颊两朵霞。"这首诗写于

80年代初，那时山丹的西瓜已久负盛名，连过路的客人都念念不忘，山丹的西瓜有多甜，你品了这首词，你就能感受到。

山丹的西瓜沙甜爽口，是因为山丹的瓜田都是砂砾，空气中一丝一缕的湿气水分都能充足吸收，再加上光照时间长，早晚温差大，少量雨露的滋润就能使西瓜萃取日月精华，长成瓤红籽黑瓤甜的西瓜，又因瓜地靠近长城，瓜农亲切的称呼山丹西瓜为“长城王”西瓜，现已成功注册了商标，是真正的瓜中之王。

关于山丹西瓜，还有一个故事让你乐开怀。山丹西瓜的种植有气候的差别，三类地区是不易种植的，所以西瓜在那里就显得稀缺，孩子们每年都盼着买西瓜的商贩早早来到。传说刚种植西瓜的时候，一个商贩用毛驴拉了一车西瓜去三类地区的霍城去叫买，走到一块青稞地前，拉车的毛驴饿了，趁主人不注意把青稞地吃缺了一大块，主人过意不

长城王西瓜

去,就放了一个大大圆圆的西瓜在地里,作为赔偿。青稞地的主人从来没见过西瓜，到地里看到了绿皮黑花纹的大西瓜时大吃一惊,他以为是这个又大又圆的绿虫子吃了自己的青稞,于是就用锄头敲烂了西瓜,红色的瓜瓤四溅,黑黑的瓜子流了一地,他更加惊慌,就跑回村子去,对所见之人都说,你们快去看看,我的青稞地里有一个圆圆的绿皮大虫,吃了我的青稞,被我打死了,可他肚子里还有那么多黑黑的仔,幸亏我打死了它,要是它的那些小仔都出生的话,我们全村的青稞都会被吃光的。认识西瓜的人看到了,笑得肚皮都快要破了。这当然是个笑话,但山丹砂田西瓜家家喜欢,人人爱吃却是真的。

如今山丹的砂田“长城王”西瓜已是让农民受益的品牌农产品,不仅仅是我们周围县市的人喜欢吃,还远销省内外。仅陈户乡的旱地“长城王”西瓜,每年种植面积都在１８００亩左右,能出产5００万公斤左右的西瓜，给全村农户带来近２００万元的收入,每年除销往张掖、山丹等周边市县外,还吸引了四川、青海、陕西等省外客商。

现在好多人吃西瓜,都觉得不甜,吃不出西瓜的味来,是我们的生活太过于甜蜜了,反而甜得木了我们的味觉,还是真的肥料上多了,是没熟就打催熟剂,甚至就是什么毒西瓜?吃了山丹的西瓜,你会觉得其他一切一切的瓜都不想吃了,更不要说毒西瓜、注射色素的西瓜,在山丹长城王西瓜面前,你不要说尝,就是看一眼,你就能分辨出那个瓜好,那个瓜不能吃。你味蕾的记忆永远是红沙瓢瓤甜甜的美味,一想口水就要流下来。想品西瓜的真味,山丹的“长城王”西瓜会一直牵着你的味觉走,走到河西,走到山丹来。

山丹蘑菇

\>>>>>>>

山丹盛产蘑菇，尤其以马场丁丁菇与焉支山黑鸡腿菇出名。蘑菇是山珍，人人喜欢吃。但采摘蘑菇却不容易，那得有技巧，有耐心，有毅力。尤其在山上采蘑菇，山高崖陡，容易迷路，是需要胆量和经验的。贪心的人不能在山里采蘑菇，看着眼前一片一片铺展向前的蘑菇，采啊采啊，越走越向树林深处去了，蘑菇没有尽头，引的采蘑菇的人早迷失了方向，一般没有经验的人是走不出来的，会在森林里打转转。在山里采蘑菇，是有危险存在的，最好有向导带着去。焉支山的蘑菇有好多种，鸡腿菇、青头菇、黄山菇，柳菇、草菇、松菇、土菇还有花菇，最香的是鸡腿菇，晾晒后颜色黑黑的，放鸡汤里，味道很鲜美。采集的新鲜蘑菇炒着也能吃，味道胜过荤菜，要炒尽水分，火力要猛，但也不能多吃，要不然会中毒。

山丹大小酒店都有一道菜叫小鸡炖蘑菇。小鸡炖蘑菇味道鲜嫩，芳香可口，营养价值更高，小鸡炖蘑菇含钙、磷、铁、蛋白质、胡萝卜素、维生素C等营养成分，经常食用可预防视力减退，夜盲症，皮肤干燥；并增强对呼吸、消化道传染病的抵抗力；也可增强机体免疫力，防止过早衰老，有强身健体等功效。这道菜自古以来就是菜中上品，营养和味道上都堪称绝配。冬天吃小鸡炖蘑菇，特别有益，不仅享受了美味，还能暖身温中、增强免疫力。蘑菇鸡汤还是滋补良方，凡体质虚弱和久病卧床的人、老人、产后哺乳的妇女，都宜常吃。如在烹煮时在汤内适量加入百合、枸杞子、山药，滋补效果会更好。当然再好的东西也不能多吃，尤其产妇体虚，喝多了鸡汤会上火，还是要调剂着喝才好。

草原蘑菇

野生蘑菇

小鸡炖蘑菇吃起来好，做起来不难，制作食材简单：童子鸡一只，蘑菇适量 。调料：葱、姜、干红辣椒、大料、酱油、料酒、盐、糖、食用油。小鸡炖蘑菇制作流程：首先将小仔鸡洗净，剁成小块；同时将蘑菇用温水泡30分钟，洗净待用；最后的制作就是坐锅烧热，放入少量油，待油热后放入鸡块翻炒，至鸡肉变色放入葱、姜、大料、干红辣椒、盐、酱油、糖、料酒，将颜色炒匀，加入适量水炖十分钟左右，然后放入蘑菇，中火炖三四十分钟即可享用。

草原的土壤为栗钙土，适宜白蘑菇的生长。草原上的白蘑菇（丁丁菇）肉厚味美，气香鲜嫩，更是让人喜食。在草原上放牧的人，用较为简单的烹调方法，把鸡肉与泡发的干蘑菇放在一起炖着吃，其味道与口感好极了，胜过任何其他品种的蘑菇。现采摘的蘑菇用清油炒了吃，草原到处飘着香气，顺着风就能闻到。

草地上采蘑菇则一目了然，长着蘑菇的草地颜色要比其他草地深一些。草原上有蘑菇带，环形绕成墨绿色的椭圆或圆形，大小不一，很是耀眼，你一眼就会看出它的不同。你只要沿着这个圈走，准会采摘到蘑菇，伞一样挺立着的丁丁菇，一簇簇，色泽如玉，似是珍珠，又似一顶顶袖珍的白草帽，星星点点撒在草地上，带着泥土的芳香和雨水露珠，你如采摘，又是心疼又是喜爱。

在草原上采蘑菇极富诗情画意。一场秋雨刚刚下过，雨过天晴，草原上碧草茵茵，远处有雪山，在蓝天的映衬下闪闪发光，采蘑菇的姑娘们穿红着绿，似是草地上飞舞的蝴蝶，看到蘑菇圈会大呼小叫，一起奔向草原深处。也许有一个安静的姑娘，她挎着篮子，走的不急不慢，采一朵野花插在发髻上，静静欣赏着雨后的草原仙境，她的脚下就是一个不大不小的蘑菇圈，粗心的姐妹们舍近求远，她轻轻笑了，俯身采起蘑菇来，惊起了蘑菇旁边花朵上的蜜蜂，“嗡…嗡…”飞在她的耳际想和她交谈，她始终微笑着。回家了，她采的蘑菇最多最好。这是我童年采蘑菇的记忆，真的难以忘记。

童年采蘑菇的乐趣，每一个人都可能记忆犹新。看到人工培育的双孢菇大棚时，有同事感慨地说，好像闻到了草原上的氤氲之气，品尝到了散发着浓浓乡情的美味。童年采蘑菇的趣事只留在记忆中，现在看见有人拿着串起来的蘑菇卖时，会买一斤或半斤做成汤菜，聊以慰际那难以割舍的乡情。

当然，不是所有的蘑菇都可以吃的，有些蘑菇虽然也把自己打扮得漂漂亮亮，伪装得可亲可爱，可是吃了它，就会置人于死地的。像毒蝇伞、毒红蘑等都是颜色特别漂亮，但是毒性却非常大！老人们都说，好蘑菇（能）都生虫子，不生虫子的蘑菇就是有毒的，不能吃。这个朴素的想法很有道理，连虫子都不吃的蘑菇人还能吃吗？

蘑菇的世界是一个奇妙的世界。真想走进草原，走进焉支山，走进莽莽林海，再寻觅那些令人心动的蘑菇，再次体味童年时那种收获的喜悦……

油炝黄花菜

春来野菜香

>>>>>>>>

春夏交接之时，正是山丹野菜青嫩的时候，这时候，各个农家山庄、酒店都会有野菜上桌。如今野菜已成为人们餐桌上的新宠，吃野菜成了一种时尚。

人们喜欢吃野菜，认为其新鲜没有污染，对身体有好处，野菜不含脂肪、胆固醇，富含无机盐、维生素等人体所需的营养成分，其所含的食物粗纤维又能促进消化液分泌和胃肠的蠕动，帮助营养物质的吸收和代谢废物的排泄。说吃野菜不仅能清热祛湿，消肿化淤解毒，还能凉血止血降血压。野菜的功效如此神奇，怪不得讲究养生的人喜欢。但是吃野菜也是有讲究的，不注意反而会适得其反，对身体不利。

吃野菜就吃它的“野味”，因而保持最原始

凉拌沙葱

的吃法最好，就是凉拌。山丹人最擅长做的野菜有凉拌黄花菜、水氽苦苦菜、油炝马樱子等，做法大多一样：清洗干净，用开水氽一下，然后冷水浸泡，攥干水分，逼出苦味，切碎入盘，用清油炝过以后，加蒜泥或辣椒面等佐料拌食，清香略带苦味。吃野菜还吃它的新鲜，现采现吃，洗切和烹调的时间不宜太长，避免维生素及无机盐的损失。吃野菜还不能多吃，尤其是苦味的野菜，大多性寒，过量食用，损伤脾胃。

如今乡下人说："以前我们吃野菜，城里人吃肉；现在我们也吃上肉了，城里人又去吃野菜了。"对于现代人来说，挖野菜和吃野菜的"味道"变了，不再是果腹，而是餐桌另类的一部分，当代人享受的是一种情趣和心情。

春回大地，野菜飘香。"草色遥看近却无"的时节，那些野菜便迫不及待地钻出地面了。采集野菜是一大乐趣，苜蓿、黄花菜（蒲公英）、苦苣菜、马樱子、车前子、艾叶等等，每一样都散发着盈盈绿意，充盈着大地的深厚爱意。周作人写过《故乡的野菜》：“妇女小儿各拿一把剪刀，一只苗篮，蹲在地上搜寻，是一种有趣味的游戏的工作。”文字清淡用情却深，对故乡的怀念都隐藏在野菜的清香里了。《诗经》开篇有《关雎》：“参差荇菜，左右流之，窈窕淑女，寤寐求之。”描绘了青春女子在灿烂春光中轻快地采集野菜的情景。

野菜的采集和食用在我国可谓是源远流长。这些野菜经过寒冬漫长的浸润，春暖花开，河水解冻，你就可以看见山上、河边、田野，到处都铺满了这种野菜，或是三三两两地散长着，或是一窝窝地拥挤在一起，随意卑微的生长，就像乡野间的农家小孩，不需要多大的眷顾，一场春雨，就能让他生机勃勃。他们抵抗病菌和艰困的能力与生俱来。他们的心情永远是简单明朗快乐的。这时候去采摘野菜，心情也会莫名清爽起来。

挖野菜

小时候每天放学，小伙伴三五结伴，到野外地里挖野菜，最多的就是黄花菜（蒲公英）、马樱子、苦苦菜，还有野葱、野小蒜……凡是可以吃的野菜，全被装在篮子里带回了家。得到母亲的称赞是一次一次挖野菜的动力，心里是不愿多吃野菜的。一直记得蒲公英和苦苦菜的苦，那种味道涩涩的，难以下咽。现在却能从这苦味中吃出甘饴的味道，这是时间恩赐与我的味道，是岁月过滤生活的艰辛和苦涩后，慢慢沉淀出来的味道。

父辈们曾经饱尝野菜的滋味。民间俗语有“苦菜里有三两粮”，在灾荒或生活困难的时候，它是人们赖以活命的美味。特别是在青黄不接的时日，虽然苦涩，但却生津、充饥、活力，养育饥荒，延续岁月的无奈，是口粮紧张的人家度荒活命的依赖。即使在平常的年景，当人们在田间劳作，饥饿疲乏的时候，就拍拍沾满泥土的手，拔一棵放到嘴里，咀嚼、吮吸它的汁液，让那腥苦的带着土地气息的汁液滋润干渴的心肺，续一分力，坚持一把，继续耕耘。在那不堪岁月，苦苦菜、黄花菜都是救命的菜。生生不息，从春天吃到冬天，人人吃的面黄肌瘦，但还是靠它度过了那一段苦日子，父辈们都不愿说起那段往事。现在吃野菜，吃得是一种心情，是生活的调剂，不管是蒜泥凉拌的黄花菜，还是水氽苦苦菜，还有我们的沙葱炒鸡蛋，艾叶蒸面疙瘩做成的“捂拨拉”，这些野味的调剂，都成了我们生活的一部分，不能缺少，就像现在人吃野菜反而就吃享用它的苦味，这些都是生活赋予我们的原汁原味，深远悠长。

普通念珠藻

大地的耳朵

>>>>>>>

生长在大地上，形状如木耳。春夏在雨中生长，雨后应及时采取，因为它一见阳光就不能食用了。有一篇文章把它比作“大地的耳朵”我觉得很贴切，它真的是大地的耳朵。茫茫大地怎么倾听宇宙、倾听人类的声音？人类依赖地球如母亲一般，对于人类的一举一动，作为母亲的大地怎么不关注，不关心自己的孩子呢，地耳就是它感知亲情的耳朵。

地耳，学名叫“普通念珠藻”，山丹老百姓还有许多叫法，地芥皮、地皮、地软等等叫法。还因为它是在河滩或山坡草地里生长出来的，形似木耳，色似木耳，叫它地耳。在宫廷里，它却拥有一个极富诗意的名字——“葛仙米”，宣统皇帝的菜单上，其中就有一道菜叫“鸭丁熘葛仙米”。

溥仪所著《我的前半生》中就有记述。民间还叫它雷公屎，因其出现在雷雨之后，故名。记得秋七八月，家乡多雷雨，雨过天晴，我们去捡蘑菇，看到地耳是不会捡的，听老辈人讲，雷打过以后，生出的地耳性寒至极，吃了会闹肚子。地耳不同于木耳，它肉质薄于木耳，做菜容易入味，口感松软脆嫩，味甘，性寒，无毒，是一种集美味、营养、功能与一体的充满山野风味的佳蔌。听说不孕的妇女吃了会有孕，听起来来很神奇。

地耳在山丹境内各地都有分布。夏秋阴雨连绵，是地耳生长的旺季。在草原上，在焉支山南坡上，在河滩沙石地或荒坡野岭中，一簇簇、一朵朵黑里透绿的鲜地耳，有的从草根里长出来，有的软软铺在地上，犹如用水浸泡过的木耳，水灵灵，嫩生生，肥润脆滑，有铜钱大小。雨刚刚停，就抓紧时机，及时拾捡，一会儿就是一篮子。可是太阳出来一晒，地上茶绿肥润的地耳，便会干缩得很小，人们就不便采捡了。在干旱地方，它会皱缩休眠七八十年之久，生命力如此顽强，让人惊奇。

地耳

捡回的鲜地耳,要及时用清水将里面的泥沙、碎草、杂物漂洗干净,晾干,便可保存起来,像木耳那样随吃随泡。地耳是北方荒漠地带天然生成的藻类植物,仅靠人工采集。在山丹,地耳是发菜的伴生物,与发菜并称为“姊妹”菜,属“山丹四珍”之一。

地耳是一种营养价值很丰富的野生美味。它含蛋白质、糖类、矿物质、维生素、蓝藻素及钙、磷、铁等各种营养成分。尤其含钙特多,在蔬菜中极为少见,有滋阴润肺,清热收敛,益气明目等多种功效。在营养价值方面,它同木耳、发菜不相上下,比木耳甚至更强一些。据说还可当做太空食品食用。真可谓山蔬野菜赛珍馐。

地耳虽没有黑木耳、银耳那样名贵,然而古往今来,它却是人们特别是乡间人喜爱的美食,它味鲜,有特殊的香味。可以凉拌、热炒、熘烩、作汤、作馅,可荤可素,味道均佳。地耳与精猪肉或鸡蛋烹炒,是民间佳肴,鲜透齿颊,满口生香。尤其用鸡汤氽之,更是味盖参汤。民间大多用地耳、豆腐,鸡蛋、精肉包包子,味道堪比天津狗不理包子。里面的馅,就是以地耳为主料,配以精肉或鸡蛋、豆腐、大葱、加香油、姜末、花椒及盐、味精做成的。地耳不仅可食用,还可入药。一般人都可食用尤其适宜目赤红肿、夜盲、外用烧伤、烫伤、烫火伤等病症;适宜丹毒、流火、或皮肤红斑赤热之人食用;适宜高血压病人头痛头昏者食用。虽然地耳的营养价值和药用价值都很高,但因地耳性寒,平素脾胃虚寒,腹泻便溏之人忌食;妇人产后、寒性痛经以及女子月经来潮期间忌食。

地耳还是平民饥荒年度荒的恩物。清代王磐编纂的《野菜谱》中,收录了一首歌词《地踏菜》曰:“地踏菜,生雨中,晴日一照郊原空。庄前阿婆呼阿翁,相携儿女去匆匆。须臾采得青满笼,还家饱食忘岁凶。”可见,自古以来,地耳与老百姓的生计是息息相关,是大地母亲恩赐于人类的宝物。

发 菜

>>>>>>>

头发菜是甘肃的主要特产之一，其主要产地在河西，其中张掖山丹等地的头发菜质量为绝佳。

每年11月至翌年5月，是山丹头发菜的采收季节。此时的戈壁荒漠草丛中，山坡沟壑里，一丛丛天然生长的头发菜，举目皆是。人们将它轻轻搂起，经过挑选整理、剔除杂质、晒成干菜，按质分级、精心包装，运往国内外市场。

发菜是一种野生陆地藻类生物，也是山丹的“四珍”之一。因形似人的头发而得名，纤细如发丝，俗称头发菜。俗话说：“靠山的吃山，靠水的吃水”，山丹人依靠这绵延不断的戈壁荒滩也谋得许多生计。如今，因挖发菜，生态环境破坏严重，政府采取了了一系列措施，生态的破坏已

发菜

得到了缓解。

每当夜降春雨，晨沐朝阳之时，山丹北部的戈壁滩或山坡上，一团团黑如青丝，状若乱麻的东西或缠绕在草根里，或紧贴在地面上，闪着乌油油的亮光。可以说，阴雨天气是发菜生长的最佳气候，湿润是发菜丰产的条件。山丹人常以鲜蛋和发菜蒸成蛋糕待客。金灿灿的蛋羹中，镶嵌着丝丝发菜，色泽分明和谐，味道鲜嫩可口，堪称上品。其实，它更是名商大菜中的佼佼者，生意人待客时，把它常常作为第一道菜，象征着四季发财，生意兴隆。它更是逢年过节馈亲待友的珍肴。据分析，发菜含有人体所必需的七种氨基酸和锰、铁、钙、铜等十几种微量元素，蛋白质含量高于黑木耳，比鸡蛋高出32%，为枸杞的四倍，可与凤尾茹媲美，故有补身益气，治疗高血压病，降低胆固醇和血脂含量等特殊功效，并因此而驰名国内外。

发菜营养丰富，民间采食已久，可炖、炒、烩、凉拌，其味皆佳，不但是延年益寿的保健食品，也是宴席珍品。中国食用头发菜历史悠久。头发菜始见载于清代李渔（1611–约1679年）《闲情偶记》,“菜有色相最奇而为《本草》、《食物志》诸书之所不载者,则西秦所产生之头发菜是也。浸以滚水,拌以姜醋,其可口倍于藕丝、鹿角菜。”据说,早在汉代,苏武牧羊时经过河西走廊一带,就“渴饮雪,饥吞旃”,“旃”即头发菜的古称。到了唐代,已有人采集加工头发菜作为商品出售。清代,头发菜是向宫廷进贡的贡品。据说慈禧太后的菜单上,就有一道菜叫“拌发菜”。

近年来,头发菜亦成为人人喜爱的珍奇佳肴。头发菜可炒食、凉拌、汤食,以滑、柔、嫩、脆、润取胜,可做成名贵佳肴,以清香细洁、柔韧鲜美为多种蔬菜之首,也可做汤,与海参、鱿鱼一起炖汤,是山丹待客宴席中必不可少的汤品,别有风味。

头发菜有较高的药用价值,其性平,味甘淡,有平肝潜阳、清肠止痢的功效。可清热解毒、化痰止咳、凉血明目、通便利尿,可治疗佝偻病、痢疾、高血压、气管炎、鼻出血、营养不良等多种疾病。

头发菜为国际市场畅销蔬菜，是中国的传统出口商品之一。目前内销不足,出口更是供不应求。再者发菜因生存环境的恶化,越来越稀缺。

大白菜

天下第一菜:大白菜

\>>>>>>>

山丹咸菜，咸味最浓，味儿最烈的是咸韭菜。最稀罕的是咸沙葱,沙葱是本地特产,红寺湖最多,青羊口北山也有。最受欢迎的是用盐腌制的酸辣白菜,其实主调料也是盐,不过比起腌咸韭菜、咸沙葱用盐要少一半。还有腌制的白萝卜,胡萝卜、芹菜,山丹人把腌菜都叫做咸菜,但咸菜里最有味、最特别、最喜欢吃的是还大白菜。有老人说:“冬日白菜美如笋”,还有“鱼生火,肉生痰,白菜豆腐保平安”的谚语,可见大白菜是碟好菜。慈禧太后还称大白菜是“天下第一菜”,这个名称大白菜当之无愧。

山丹的大白菜是腌菜中的菜王,佼佼者,人人喜欢吃。过去,山丹每一户人家的院子里都会立着几口大缸,那是碗窑沟陶瓷厂生产的,都是用来腌菜的,腌制最多的就是大白菜。

山丹人腌菜,最是简单。白菜、萝卜、胡萝卜、芹菜,都是自家地头所有,一堆一堆等待腌制,洗净,滴干水,晾干,切了,拌了盐压实于缸、罐、坛中盖严即可。咸菜是过冬菜,以前谁家不腌菜,反而成了奇事。现在当然有了例外,腌菜的人家成了稀罕。但人人还是喜欢吃腌白菜,不会腌菜的就从超市买来吃。人一日三餐少不了菜,更少不了咸菜,在咸菜里少不了腌制的大白菜。当然一天吃咸菜的量也很小,一小碟足够,碟有巴掌大小,中心搁那么一点,一家人吃不一定吃完,不是小气,而是太咸。但辣白菜例外,吃多少都还想吃。如今的人讲究科学饮食,注意饮食咸淡适中,对于咸菜,还是有偏爱的人,不怕吃出高血压,天天吃,辣白菜当然也不能时时吃,山珍海味再好吃,天天吃也会腻味。

说大白菜能止咳化痰,大白菜能清热解毒,大白菜能排毒养颜,大白菜能防癌抗癌,听到看到这样说,爱吃大白菜的山丹人就愈加爱吃大白菜了。

戈壁沙葱

能把大白菜腌制的色泽亮丽养眼、酸辣可口的人却很少，会腌制大白菜的人都是腌菜高手。当然腌制大白菜却比咸韭菜、咸萝卜要复杂得多，也讲究得多。

现如今腌菜大缸已没有了，因为山丹陶瓷厂早停产了，家里原有的缸也渐渐少了，不知是打了，还是就藏起来了，都买了其他的彩陶小坛来腌菜，看起来好看，腌的菜却不怎么样，有人图省事，直接泡了吃，没有经过岁月腌制的泡菜，一股浅薄的酸味直冲头脑，醒神，却没韵味。

记得母亲腌白菜时，白菜是一棵一棵整棵腌在缸里，盐的数量比腌韭菜、芹菜量的比例少一半，但同时还加了少量辣椒面，把大香、茴香、桂皮、花椒等熬成汤，再把汤与花椒面一层一层灌进去，最后在白菜上面压一大青石头（这个石头必须是青色的，原因也许是青石头干净吧），当然整个腌制过程都要洁净，不能有荤腥的水或家什靠近大白菜。腌制好白菜的时间需要一个多月，大约在八九月份腌白菜，腌菜缸就放在院子里，或是屋子的穿廊里，等到腌好能吃的时候，都快到十一腊月了，缸里都有了冰碴，这时候白菜吃起来脆脆的，香辣爽口。吃时用筷子把整棵菜从缸里捞起，看着脆生生的辣白菜，有嘴馋的男人就偏着头从下往上大口大口吃完一棵，也许觉得这样吃才过瘾。不过上了饭桌切成块，搁葱花辣面用油泼了，用大一点的碟子满碟端上，就着黑面板板、青稞搓搓、拉条子、馒头吃，是一种久违的真味，是真正的家常饭。或切丝和粉条猪肉炒了，这道菜是真真的西北大菜，离了腌制的酸辣白菜，这道菜就上不了宴席。

如今的人吃腌白菜，只是为了改善口味，或许也不单纯为提味，而有享受的意味。吃着这土土的农家真味，赞叹祖先的聪明才智，品味农家生活的酸甜苦辣，知道了农民知命、率真、平和之后，那份平平淡淡的大气真有滋味。

沙棘茶

老百姓的茶

\>>>>>>>

开门七件事，柴米油盐酱醋茶。为什么茶会放在最后一位呢？有人说，茶是用来“品”的，一个字可以道出其中缘由。可对于平常老百姓而言，“品”茶是奢侈的，是浮华的。他们需要实实在在的，美美地喝上一口解渴的茶，不管浓淡。

在盛夏，麦场上骄阳炙烤，田地里挥汗如雨。回到家，端起早已凉好的山茶，仰着脖子灌下去，有久旱逢甘霖的畅快淋漓。茶色泽如咖啡，味有清香，也带着茶的苦味，喝饱一肚子，解渴、解暑、解乏困，还能清火、明目、暖肠胃。

老百姓并不在意茶怎么个喝法。有些东西太看重了，有时反而受其之累，失去了应有的享受。他们喜欢在茶还很烫的时候不停地用嘴吹着杯口，喝的时候发出很大的声音。有人认为这样喝有点粗俗,其实这又何尝不是一种生活。对于居家过日子的老百姓来说虽然样子粗俗了点,但也许这样的质朴更接近生活。

老百姓心目中的茶并没有名贵之分,龙井或许与普通的山茶就是一个味,有时自家采的茶,自家熬制的茶就是最喜欢的。采茶、制茶、熬茶是老百姓平凡生活中的一部分,但对于老百姓来说,过着平淡的生活是一种必然。都是平凡人,注定要在淡如微风的生活中过完这一生，甚至在岁月的长河中不能激起丝毫的浪花。

老百姓对于茶的喜爱也仅是他们平凡生活中的一点亮色。秋天来了,土地给予辛勤耕耘的人一分收获,大自然也赋予大地丰富的色彩,还有老百姓少有的快乐。上山采集山茶是老百姓苦闷生活的一种调剂,那份随意与休闲是不可多得的快乐。山丹的焉支山上盛产制茶的灌木,学名叫窄叶鲜啤花。民间用窄叶鲜啤花枝叶治疗消化不良,胃痛等疾病,称之为“柳茶”。用其枝叶“泡茶”饮用,可健脾胃,常服健身。牲畜食之会“掉膘”。这样看来,窄叶鲜卑花还可用来减肥。

老百姓用来煮茶的还有沙棘果、酸刺果。沙棘果是退耕还林的成果,已成了老百姓经济来源的一脉,成品的沙棘汁、沙棘生物制品都已上市。沙棘果能卖钱,有了价值,农家是舍不得熬茶自己喝,都买了钱。常喝的就是山茶和酸刺果茶了。

一般采茶老百姓选择午后时分上山,满山的风景似乎司空见惯,挂在枝头的酸刺果,红玛瑙一样的硕果累累,先用手轻轻摘一颗,尝不出生活的酸涩,却也不全是甜蜜,有阳光照着的味道。酸刺果,学名鲜黄小檗,属落叶灌木,喜光,不耐庇荫,较喜阳坡,耐低温,耐干旱;秋天结果,浆果红色。鲜黄小檗的果实当地百姓俗称酸刺果,用它熬制的茶可以治疗感冒咳嗽,煮茶喝起来,在炎炎夏日是解暑的绝好饮品。焉支山脚下长大的孩子,没有一个没喝过酸刺果茶的,长大走出了山村,没有不怀念酸刺果茶的。那酸甜

沙棘

爽口的，色泽诱人的酸刺果儿茶，是童年时代的琼浆玉液。

山茶的叶子碧绿，上面有归来时满满的喜悦映红夕阳的影子。接下来的日子里，烘制山茶叶，晾晒酸刺果，不急不缓，一切都是那样随意，倒增添了许多悠闲和享受。他们聚集在村头，叙说着采茶时的经历，打趣闲话，就是不说一点生活的辛苦，好像生来日子没有经历过丝毫的艰难，只有脸上的皱纹折叠出层层磨砺。

冬日休闲的日子，就着旱烟品着一壶浓郁的山茶，慢慢地喝，握在手中的轻烟淡起，茶叶在沸水里缓缓起伏。生活的艰辛被淡化了，也被一口一口地冲淡了。一切都不会在心里留下印痕，无论浓淡与否。不论茶具好坏，更不用讲究茶叶的优劣，其意味已在其形之外了。日子风轻云淡，这也是一种生活，是平常老百姓的生活众相。老百姓安于平淡但并非平庸。懂得生活的人是非常珍惜这一份平淡的。

青稞酒

山丹青稞酒

\>>>>>>>

山丹的青稞酒，是地地道道的烧酒。那个曲子味扑鼻醇香、浓烈，似是草原上的一匹烈马，品尝着它，你就像在草原上驰骋。青稞酒，其实就是从草原上无际的青稞地，这块巨大的酒醅中过滤出来的一种精华醇液，一种结晶着草原豪放的韵味、山丹人朴实韵味的酒。它有自己的个性，有自己的色彩和味道，喝惯它闻惯它的人，见到它就是生死之交，永不舍弃。

青稞酒它是山丹的，地方的，也是中国的，世界的。喝了它就得醉，不醉不知道它的浓烈和甘醇。它是真真的白酒，是入口就让你脸红心跳，让你醉得痛快、醉得不知身在何处的琼浆，它是草原上的伏特加。

这样甘洌的白酒，有些人不爱喝，就是喝

了，也驾驭不了它，它太有个性了，只有爱它的人才能真真拥有，才能品出它的韵味。我又觉得青稞酒是草原上的一首诗歌，是属于豪放派的。它是苏轼、是辛弃疾，有“……我欲乘风归去……”“大江东去，浪淘尽……”的豪迈，也有“千古江山，英雄无觅孙仲谋处……”的无奈，这就是英雄的诗歌与人生。但我也希望它是泰戈尔、莎士比亚、汪国真、舒婷、顾成、北岛、海子。似是烈性的但又拥有丰富无比的人生，它应是一种烈性的美酒，没有天赋，没有酒量的人是饮不了它。饮它就是诗歌发出的声音，试着走近它，我们就能感受到诗人的热忱，感觉那种带有天赋的神秘。远远地观望，我们也能聆听到一点温和的声音，也能感受它的温暖。它真是一首浓烈而韵味充足的诗歌！它的绵长来自纯正的曲子韵味，它的热烈来自长久生活的提炼，它的完成，是心灵与天域、地心达到相通相惜的和谐统一，有人是它的知音，但必须是拥有一种热爱生活的态度和善饮

青稞

的酒者，才能最完美地体现出它的价值所在，这样才能品出它的浓郁甘冽，才能领略它的意蕴悠然。

咸淡自如，高雅与低俗，它样样不可缺少，喜欢它的人，它报以热烈的回应，不喜欢它的人，它亦同样的爱心和热情回报。它有自身的精气神所在，也有天然的闲适淡雅。山丹青稞酒，喜欢它的人它给予的是一种诗意的生活。酿造它的人，也有一种心灵的狂热，对诗歌的狂热，其实就是对生活的执著与热爱，美酒,要有一定的生活底蕴做后盾，用一种热爱生活的心态面对它，但最重要的还在于你付出的情感和对生活的热爱，再加上独特的工艺，就能酿造出绝世的精品。凡是人类，只要食五谷，必是要喜喝酒。山丹农家过年要有肉有酒，酒指的就是散装的青稞酒。只有肉，没有酒，过不了年。谁家过年不装青稞酒，谁家就对不起亲朋、村人、贵宾，对不起家中喜酒的老人。为了过年，农历腊月就有人陆续打酒了，家家的大老爷们就会打来最少三五斤散装的青稞酒，如今会买来瓶装的、精装的，老百姓还是觉得散装的实惠，喝起来爽快，还是喜欢一桶一桶装来散装的青稞酒，香味弥漫在村间，走进每一个院落，便满院飘香。

七八十年代，在刚刚改革开放的农村，村头必有一两户酒家，此酒家必有七十多岁的小脚老太婆在守店，说不定还真有祖传的酿酒秘方，他家酿酒的技艺，传下一套严格的传统酿酒法，一辈传一辈，辈辈在村里可以压得住人。喝酒的人，有独自一人自酌自饮的，有三五相约划拳行令的。但是在宴席上饮酒，山丹人是有讲究的，不仅座次有别，而且所行的“穗子拳”，所饮的“穗子酒”最独具特色，所谓“穗子酒”，概言之，便是输酒带利，即酒量加倍。至于加几倍，行拳前由双方约定，但也有杯酒杯穗的惯例，意即输一杯酒要连带一杯“穗子酒”。至于哪些酒可以带“穗子”，有两个“公约”，不可违拗，否则便会严重犯规而领受罚酒。一是“寿星酒”。位低年小(若为亲戚、族人要论辈分行次)者向位尊年长者行拳时将“一”

呼为“寿星”，以表敬意；与此相反，尊长者对卑幼者行拳时将“十”呼作“大运”，以示祝愿。“寿星酒”、“大运酒”分别由在座的年龄最长者和最幼者来饮。倘若不胜酒力，消受不了所有的“穗子酒”，也有办法：第一次饮时将“穗子酒”加一倍喝了，然后宣布谁输谁饮或按年龄序列依次而推，谓之“拔根”。

二是“俩好酒”。无论“哥俩好”、“爷俩好”、“师生好”等都带“穗子”。一般初次行拳时不管谁输，双方各饮一杯，以显友好，之后谁输谁饮。喝“穗子酒”，行拳时必先出大拇指，以“俩好”开始，称为“戴帽”。通常只戴一“帽”，也有戴两“帽”的，以示增进友情。

在山丹，还有好多有趣的酒令，如“打通关”、“打篮球”、“风刮草帽子”、“敲杠子”、“开火车”、“锅锅舀水”、“石头剪子布”、“说七倍”等等，五花八门。对于外地客人，最不能理解和适应的是山丹的“穗子拳”。“穗子拳”使行拳的形式变得丰富多彩，山丹人长期习此拳法，久之得心应手，而外地客人则顾此失彼，防不胜防。探究“穗子酒”的初衷不外乎“劝君更进一杯酒”，实在是友好而且是增进友好的“一杯酒”。当然，山丹“穗子酒”作为酒文化中的一种“酒令”形式，具有其独特性，它是山丹人民的平常岁月中逐渐积淀而形成的独特的山丹地域文化现象。

山丹青稞酒抑或山丹的“酒文化”，经千年风雨，蓄百年世态，经久不衰，代代相传。家家装散酒，户户种青稞，它装入酒瓶或酒坛，名曰：“塞乡酒”或是“山丹红”，出自河西山丹，走向世界。而在千里万里之外的山丹人，以及他们的儿女们，客人们，跋山涉水，千辛万苦赶回家过年，也不外乎是为了回去喝一口家乡酒，喊一回山丹“穗子拳”。都是恋着故土，恋着家乡的味道。

山丹羊肉香四海

>>>>>>>

山丹县地处河西走廊中部,有天然草原365万亩,耕地48万亩,草料资源丰富发展畜牧业条件优越。草原主要生长耐盐碱、超旱生植物,草种有驴驴蒿、珍珠草、沙葱、针茅等,营养价值高,适口性好。特殊的牧草群落,使山丹羊肉富含皂甙,具有味美醇香、无膻味、营养丰富、脂肪含量低、肉质细嫩等特点。山丹羊肉烹调方法多样,烧、烤、煮、焖、蒸皆宜。山丹羊肉肉质好。山丹畜牧业历史悠久,羊资源非常丰富。全县羊只饲养量40多万只,其中规模养羊26万只。山西省太原市万家寨食品有限公司郝俊平投资兴办了高原龙食品加工有限公司,加工山丹羊肉占了专门的一席之地。

山丹羊肉好吃，是因为山丹山川交错，水草丰富，羊只饮雪水，吃咸草，肉质鲜嫩，肥瘦适宜无膻气。多食山丹羊肉，可补中益气、滋阴壮阳。

山丹羊肉吃法多。山丹羊肉的吃法多种多样特别有讲究，可以根据个人嗜好煮、炒、烧、烤、蒸等，做成清汤羊肉、黄焖羊肉、爆炒羊肉、烤羊排、烤全羊、烤羊肉串、羊肉小炒、羊肉面食等。在山丹，早上喝羊杂汤，晚上吃羊杂炒拨拉是挺惬意的事。尤其羊羔肉垫面卷那是这里的名吃。这里人们喜欢吃羊羔肉，以十七八斤到二十多斤为最佳，再小没味，大则嫌老。

山丹羊肉名气大。提起山丹羊肉，在整个河西，可以说无人不知，无人不晓。每逢节日聚餐、喜庆宴会、贵宾来临，山丹餐桌上都少不了手抓羊肉这道招牌菜。据考证，隋炀帝曾在山丹焉支山以山丹羊肉大宴西域二十七国使节，食之鲜美无比，众口称赞，之后，山丹羊肉就成为历代皇家御用贡品。据民间传说，清代还曾作为岁贡之物一度进贡朝廷，以为御膳。如果这一传说有待考证的话，那么，邓小平亲口品尝并大加赞赏山丹羊肉，却是无可辩驳的事实。原山丹县委办公室主任、现甘州区政协主席王洪德曾考证并撰文记录此事：

文中记述说，那是一九八三年八月中旬的一天，正在兰州出差的山丹水泥厂供销科长周文第，突然接到其岳父彭述寿的电话，让他立即返回山丹，办一件非常紧迫、十分重要的事情。当时彭述寿是省人民政府办公厅行政处处长，具体负责接待方面的工作，省委、省政府领导对他都很熟悉，遇有重要接待，总要找他安排。彭述寿在电话上对周文第说，因有重要接待让他设法搞些山丹的羊肉回来。彭述寿处长因公务繁忙脱不开身，就把这一任务交给了办事一向稳妥的女婿周文第。周文第科长没好追问究竟接待何人，但凭他的直觉一定是位重要人物。他与省政府办公厅行政处一位姓沙的司机驾驶一辆老式北京吉普立即出发，赶赴山丹。当时全省各地普降大雨，连续下了七天七夜，道路泥泞难行。据县气象局资料，当年八月十一至十八日山丹县城累计降雨达六十余毫米。为了节约时间，出发前周文第科长就给山丹县政府办公室主管接待工作的副主任王铭选打了电话，让县政府招待所及早有所准备。王铭选随手就把这一任务交给县政府招待所副所长张天林去联系。到达山丹的当晚，周文第一行由张天林陪同直奔老军丰城堡买羯羊，到丰城堡后，村上已经把七、八只羯羊准备好了，等他们挑选，因时间紧迫，他们挑了四只装车就走。据张天林回忆，当时羊价便宜，只付了四十八元钱。因无冷藏设备，就没让就地宰杀，只能活着带走。

几天后，周文第科长又赴兰州参加全国水泥商调会，与岳父交谈时才得知前几天接待的是小平同志。原来小平同志西去新疆，途经甘肃时在兰州作了短暂停留。此次出行属个人休假，除夫人卓琳外，只有几名工作人员随行，新闻媒体也没有作公开报道，因而知道这件事情的人很少。接到小平来兰的消息，就餐如何安排倒难住了省上领导。由于小平同志一向节俭，要求饮食安排越简单越好，丰盛了不用。思来想去选择了久负盛名的山丹羊肉。不料小平同志吃过后非常满意，赞不绝口。

当然，品尝过山丹羊肉的党和国家领导人远不止小平同志。原中共中央代总书记、国务院总理赵紫阳，中共中央总书记、国家主席江泽民，中央政治局常委宋平、乔石，国务院副总理姜春云、国务委员陈俊生等领导同志都曾在视察工作时品尝过风味独特的山丹羊肉。

优质的山丹羊肉，是山丹的美食的主要食材。正是有了山丹羊肉，才使山丹小吃香飘万里，名扬海内外。

乡镇机关食堂

>>>>>>>

乡镇机关食堂本来只是为本乡镇的干部解决吃饭而设的灶，但由于它同时兼有招待下乡检查工作的各级领导的重任而不同。自解放到上世纪九十年代末,全县十个乡镇均设有大灶。在满足本乡镇干部吃饱和来本乡检查工作的上级领导吃好的过程中，各乡镇机关食堂形成了各自的特色菜系，成为本县美食界不可缺少的一部分。

八十年代乡镇干部多数为招聘干部，和农村有着千丝万缕的关系，男干部老婆几乎都在家务农,自己一人在乡镇府打拼,回家会被老婆当爷好吃好喝伺候着，所以在乡镇府吃饭嘴也很刁,乡镇机关食堂招聘的大师傅也得有水平。乡镇里面最靠近县城的是清泉乡,属城郊乡。说是城郊乡，其实只有三个村在县城中心地带。因此，清泉乡的机关食堂位置显得十分重要。因为离城离县政府机关近，所以接待也比较多。别的乡镇的炊事员都是临时工，唯独清泉乡的是正式职工。清泉乡的炊事员叫梁茂书。我到清泉乡时，他已经调到县粮食局食堂了。但他逢年过节总会邀请乡领导到他家吃饭喝酒，可见他为人很热情。后来，他承包了粮食局门面，开了全县第一家酒家。要说山丹的公款接待，就是那时候从梁师傅开始的。短短几年，他就富了，被人们称为山丹的“冒富”大哥。

梁茂书虽然离开了乡政府，但乡政府的灶不能不办。乡政府先后又请了好几个本乡的厨师来做饭。但由于集体灶人多口难调，长时间干下去的人很少。因此，清泉的集体灶没有特色菜。等县城有了酒家，乡政府的接待几乎都进了酒家。大约在2000年左右，清泉乡机关食堂就再没有冒过烟了。

乡政府的灶兴盛时也是刚刚改革开放的时候，吃喝风渐起，乡政府灶难免不入流。那时候县上每逢组织大规模的观摩，全县部门和乡镇一把手乘坐大巴车，逐乡进行观摩评比。午饭和晚餐都要在乡机关食堂准备。

观摩点固然重要，但吃饭一点也不马虎。饭吃不好，县上领导没面子，其他乡镇领导难免讲怪话。所以，每个乡都拿出浑身解数做准备。

在每年的观摩评比中，哪个乡的工作有什么特色并没有给人们留下印象，但哪个乡有什么特色菜都一直为人们津津乐道。比如，东乐乡姚师傅的红烧肉，位奇乡的清汤羊肉，大马营乡的清汤牛肉和红烧牛蹄子，直到现在这些乡镇的灶上饭菜的花样仍是观摩工作中上台面的“节目”。

当然，作为盛产牛羊肉的山丹县，乡镇的接待自然以牛羊肉为主。之所以有山丹羊肉以峡口、新开、红寺湖三个地方最好的说法，就是乡镇灶的功劳。不管那些年县上组织的观摩评比会效率如何，对各乡羊肉鲜美的评价倒是非常准确的。

那个时代，各大机关都有食堂，但县城机关、工厂、学校食堂都没什么特色。值得一提的是山丹马场灶，特色非常明显。我那个时候没有机会去体验马场灶，只听说马场灶招待人按级别来区分。据说乡长一级去了杀鸡娃子，县长一级去了杀羊羔子，市长一级去了杀牛娃子，省长一级去了三样都杀。当然，现在马场招待所还在，因为现在马场经济条件不太好，二是马场现在不再由军方管理了，所以现在接待没有过去那么些道道了。

与马场接待规矩相仿的还有一个乡。据说这个乡有个老乡长，接待过无数领导，因此来什么人上什么菜从不会弄错。比如县上部局长来了，乡文书请示他怎么安排饭。他微笑着说，啥。当着客人的面，乡长不会明说，但文书还是从他的语气中悟出他的真实意图。一会儿、爆炒鸡端上来了，宾主尽欢。再比如，副县长来了，文书向他怎么吃饭，他微笑着说，啥，啥。文书心知肚明，一会儿端来了鸡羊肉。再后来，一把手县长来了，文书又请示他。他说，啥，啥，啥。文书一会端来了鸡、羊、牛肉。有次，县团委来人了，文书向乡长请示怎么安排饭。乡长皱着眉头说，啥？文书灰溜溜地走了，什么也没杀。公事谈完，副书记陪着去灶上吃炒菜馒头。

到了改革开放时，条件好了，招待不再拘泥于乡镇灶。时间允许，可以进城去大菜馆吃，也可以在乡镇附近的小饭馆吃。有钱可以吃，没钱赊账吃，因此乡镇的白条子拖垮了不少饭馆子。那几年乡镇干部的名声不是太好。

这些年，乡镇条件进一步变好，吃饭已不是问题。乡镇的接待大都在县城。加之乡镇干部人数飞速增长，机压面、馒头是家常便饭，有些干部回家看到家里的机压面是坚决不吃，因此，乡镇机关灶特色渐失。尽管如此，常常想起乡镇大灶那种特殊的滋味，还是让在乡镇待过的每一个人回味无穷。

山丹早点

>>>>>>>

城里人早点讲究多，丰富多样。但乡下的老百姓早上多以开水泡馍为主，现在有了改善，也不过是碗里多卧上两只荷包蛋而已。自然，农村传统的早饭还有很多，像油茶、酸汤等。最丰盛的，莫过于逢年过节杀羊宰牛后，煮一锅杂碎汤打牙祭。如今的农村富裕了，农民生活质量有了改善，可是早餐进步不太大，只不过把开水泡馍换成了牛奶泡馍。可见，山丹农民离开馍馍是没法活的。

城里人不像乡下人好客，难得请人到家里吃饭，就是请客也是在酒店，难得亲手做，更不要说早餐了，至今不知道城里人最好的早餐吃啥。但大多从农村进城生活的人，仍旧保持着农民的习惯和本色，早餐以馍馍为主，或牛奶、或

山丹早点

酸汤，饱而食之，天经地义，且义无反顾。

到了上世纪九十年代，忽然人们不兴在家里吃早餐了，纷纷涌到街上去吃。于是乎，每天早上，大街小巷，牛肉面、臊子面，包子铺里，油条摊上，人头攒动，生意兴隆。上班的人们或进或出，“吃了没？”成了早上问候的代名词。

就这样，人们在街旁小饭馆头挤头地吃了十来年，倒也似乎没觉出什么不妥，依旧吃得津津有味。时间流逝，街市依旧太平。

直到公元二〇〇七年的某一天，这种平衡被一举打破。

这天，山丹标志性建筑无量阁旁，一家外地人加盟的兰州“黄师傅”牛肉面连锁店隆重开业了。一直就喜欢跟时尚的山丹人，一拥而入，甩开腮帮子大吃特吃，韭叶子、二细、大宽品种齐全，一清二白三红四绿，特征明显，滋味纯正，使山丹人在家门口吃上了兰州正宗牛肉面。从里面走出来的人，个个红光满面，浑身都透着满足和惬意。

牛肉面

此后几年里，兰州“牛大碗”“萨达姆”“顶强”等加盟店如雨后春笋，开遍了山丹城区，兰州牛肉面，大有一统山河之势。

自然，兰州牛肉面是好吃的，不然何以成为甘肃的三张名片之一，山丹毕竟是山丹，山丹人毕竟是山丹人。不久后，山丹人发现，兰州牛肉面除了既香又辣等特点外，缺点不少，不是味精味大，就是盐多，吃了口渴，而且一早上都口干。

于是，山丹人把目光重新又转向了本地小吃。于是，臊面、包子铺再一次在大街小巷蔓延开来，尤其是围绕学校周围的铺面更是数不胜数，生意火爆。但味道纯正，一直生存下来的也不多。口碑极好的，要数北大路的“大拇指”臊子面，运输公司后门的“云峰”臊面包子和步行街上的手工臊子面，以及“苗记”臊面。牛肉面至今仍生意红火，算是东门外的天蓝和老城建局斜对面的马光学女儿开的牛肉面馆了。

当然，山丹宾馆的早餐套餐，南街上的牛杂碎，银行街上的羊杂碎也不失为招待亲友的较佳选择。

山丹城大了，来的外地人多了，进城的农民多了，可人们非常重视的早餐却一直不能让人恭维。

我们呼唤，人们尽可能在家里自己做安全卫生可口的早餐的同时，希望更多的有志之士投资山丹早餐业，尤其开发山丹人爱吃的传统早餐，比如大锅肉面条，糊饽等，让山丹早点发展得更好更合口味。

油糕

山丹夜市

>>>>>>

山丹夜市可以说就是山丹老百姓的市井生活缩影，但凡夜市里有的饮食，都是老百姓的平常饮食。夜市摊位的食物大多集传统与现代各家小吃于一体。既有当时的需求，也有传统美食的遗留。

如想品尝山丹的特色美食小吃，你一定要去夜市，每一样地方小吃都能在夜市遇到，并让你大饱口福。山丹最惹人馋的小吃都在夜市，种类丰富多元，而且都具有浓郁的地方特色，你一不小心，说不定还能邂逅一段美丽的故事，让你终生难忘那个美食抑或还有一个人。

山丹的夜市，一直是围绕老电影院四周的街道兴起的。最早的地摊是买花生、瓜子、烤红薯的，后来有了卖醪糟、米酒的，还有了水果摊。

再后来有了买烤羊肉串，后来舶来了不太正宗的四川麻辣烫，辣的人口舌发麻，眼泪直流，还是要吃，就吃那种氛围。

现在，文化街一条街整个就是山丹的夜市一条街，街道前段是一溜儿的山丹美食“炒不拉”，向南延伸就到了KTV一条街，再向南就到了南湖公园。向东是整个儿的特色饭馆，做的都是家常饭，味道纯正、价格合理，来这里吃喝的人一度达到了爆满，以至于后来好多单位的接待都在这里，老百姓还把这条街叫做“腐败街”，让人好笑和惊奇的是，外地客人都知道山丹有个“腐败街”，街上饭馆的家常饭菜既便宜又好吃，都慕名而来。向南街道两边还有大型超市、小酒馆、排挡菜酒家、小炒家常饭馆，整个夜市晚上人群熙熙攘攘比白天还要热闹。散步的人，约会的人，还有去公园跳舞的大妈们，都乐意从夜市步行街走一走，每走一步，就有三个声音拉住你，胡辣羊蹄吃吗？麻辣烧烤尝尝？最让你走不动的是炒不拉，来一份？或许，你就忘了自己的减肥计划，吃罢才觉得后悔，恨自己抵挡不了炒不拉的诱惑。下次，你还是喜欢去夜市步行街走一走，一路上要和自己蠕动不安的胃作斗争。

这就是山丹夜市的魅力，它不单单吸引着谈情说爱的年轻人，也诱惑着急需减肥的中年人，它更是无比热情地招呼着慕名前来的外地人。山丹夜市它让人体验着市井生活的繁杂和热闹，让老百姓在辛苦之余有了消遣的去处，让年轻人体验到近似大都市丰富多彩的夜生活，在这里，也许没人因饿而来，他们在这里享受情调、追赶时尚、寻找欢乐，邂逅爱情，为平淡的生活添一点乐趣。

后记

>>>>>>>>

一方水土养育一方人。因此,故乡是一个人一生最眷恋的地方。故乡的一山一水叫人难忘,故乡的一草一木让你留恋,故乡的一粥一饭更使我们难舍难忘。难怪人们说,人的胃是有记忆的。想念家乡的家常便饭,就是思念故乡。

每一个地域,都有它独特的饮食,这是祖先们反复咂摸遗留的味道,他们已尝尽个中滋味,留给后人的是无穷的回味,弥久愈新充满诱惑。几百年,几千年,每一种味道,不酸不辣,不咸不腻,不甜不苦,习以为常,那就是小吃的滋味,是家乡的味道。

民以食为天,一个人一生中也许什么都可以忘却,唯有原汁原味的家乡小吃存留脑海,简简单单的家常便饭伴你一生。那个家常的味道永远是留驻在记忆长河中的浪花,跳跃不息。

我的父母,我的乡亲均出身贫苦,劳作之余,仍不辞辛苦,尽其所有尽其所能,不厌其烦,用爱心经营着每一餐每一味小吃，经营着平常的日月和生活，爱心使他们一天比一天心灵手巧，简单朴素的生活，一天比一天充满希望和甜蜜，使他们忘却了生活艰辛苦涩。这也许是世上最平常也是最美最幸福的生活。拥有这样的生活，就是因为我们有着千年不变的美味小吃。

我们日常生活的一饭一汤，都是岁月赠与我们的生活记忆，是千百年来生活的真谛。有时候，我们在不经意间就随意抛弃了它，等到回头的时候，我们已再也不能品出它的真滋味，因为它已被全世界一模一样的快餐同化了。

今天，能够有机会把家乡的小吃写成书，感慨万千。不管是什么样的人，能够花了功夫、花了心思，做出一味温馨的小吃，那么她或他此时的心情也肯定是柔情似水，她或他的母性与灵性会使她或他更美。其实，每每吃起家乡的小吃，我的脑海里满满的都是母亲和父亲的影子，儿时的那种气息，使我知道留恋的是什么，也是我无可抗拒的留恋一些东西，因为那些元素一直在我的血液里流淌，它是我身体的骨骼，支撑着我的灵魂，是我不能失却的东西。我把家乡的美味小吃在脑海里一遍遍梳理，像是弹着生活的长弦，音符一路跳跃流畅、悦耳、温馨，我亦陶醉。